人生随时要容忍

明志◎编著

中国长安出版社

图书在版编目(CIP)数据

人生随时要容忍 / 明志编著. —北京：中国长安出版社,2012.4

ISBN 978-7-5107-0510-6

Ⅰ.①人… Ⅱ.①明… Ⅲ.①人生哲学 - 通俗读物 Ⅳ.①B821-49

中国版本图书馆 CIP 数据核字(2012)第 058893 号

人生随时要容忍

明志 编著

出版:中国长安出版社

社址:北京市东城区北池子大街 14 号(100006)

网址:http://www.ccapress. com

信箱:ccapress@yahoo. com. cn

发行:中国长安出版社　全国新华书店经销

电话:010-85099947　85099948

印刷:三河市航远印刷有限公司

开本:710 毫米 × 1000 毫米　1/16

印张:17

字数:200 千字

版次: 2012 年 6 月第 1 版　2012 年 6 月第 1 次印刷

书号:ISBN 978-7-5107-0510-6

定价:29.80 元

有一种智慧叫容忍（代序）

容是一种宽广豁达的胸怀，忍是一种以退为进的智慧。容忍是一个人胸襟与心理素质的体现。懂得容忍的人，心理是成熟的；能够容忍的人，更有智者的风范。大海正因为能容纳每一滴浪花成就了它的宽广，聪明的人正因为能适时的容忍成就了他的幸福生活。可以说，能够容得下是一种胸怀，能够忍得住是一种能力，容得下忍得住就是人生的一种大智慧。

现如今，“浮躁”现象在我们的生活中随处可见，碰撞与摩擦难免随时会发生。有时候被人排挤和陷害，有时候被人误解和不理解，有时候遭到他人的指责和谩骂，有时候被人冲撞和侵犯，等等。这时，有许多人因为怒气、激动、不够沉稳等原因容不下别人和事情，致使矛盾不断升级导致进一步恶化，关键时刻更忍耐不住怒气与冲动，最终发生一些恶性事故，即害了别人，又毁了自己。

然而，也有许多智慧的人就能够在是非、矛盾面前做到冷静、沉着、淡定。当他们遇到不公和感到不平时，同样能够做到适时的容忍别人和事情。譬如做到不该说的话不说，不该发的脾气忍住，不该生的气一笑了之，苦难面前咬紧牙关一忍而过，欲望面前不动摇，情感面前收缩自如，等等。他们正是以一种宽厚的胸怀去包容、接纳、忍让一切的不和谐与不平事，他们坚守着“忍一时之气，免百日之忧。”的心态，享受着心灵的恬静，过着和谐、快乐、自在、幸福的生活。毫无疑问，他们就是内心强大、聪明和智慧的代言人。

地球上最宽阔的是海洋，比海洋更宽阔的是天空，比天空更宽阔的是人的胸怀。学会容忍，不仅心理健康了，而且身体也会更健康。容与忍是人生的一项基本做人哲理。学会容，是游走人生得心应手的工具。懂得忍，不言不语，俯首躬耕，自显品质。当忍即忍，相安无事，自显聪明气度。不当忍处，拍案而起，仰天大笑而走，毫不藕断丝连，刚烈激昂，自溢英豪之气。

生活快乐、拥有幸福是每个人一生中的重要追求。然而，由于角度与高度不一样，见识与见解不同，思考能力和思维方式的差异，生活中的不平事、人际间的不和谐随时可生，随处可见。于是，针锋相对，你争我夺，就成了许多人处世的态度。其实，这样只能让快乐和幸福与我们越行越远。

能不能容纳，能不能忍让，会不会包容，这是一种自我控制的能力、胸襟、气度与智慧的体现。容忍可以让我们避开不必要的烦恼，更可以避免成为别人的攻击目标。这就是“包容了别人，救赎了自己”的大智慧、大学问。本书用简洁的语言，朴实的案例，简短的章节从多方面阐述了拥有一颗能容能忍之心所要拥有的心态与智慧，是想拥有幸福生活和成功人生的人必学必用的智慧书。

目录

Mu lu

第一章 海纳百川，心胸宽广才能容纳更多

古语说『厚德载物』，因德是无私的、最可信赖的，是万物皆可亲可近的媒介，这种德越淳厚，就越有承载性和包容性。能容人，这是一种雅量，大气就是大胸怀、大视野、大才略、大胆识、大决心。大气，即大度，海纳百川的气度。做人大气方能容天下之事，运筹帷幄，成就大事。精细，精心细致。事无大小，惟有精细，才能事半功倍。成功源于大气、精细。没有气度、气魄的人，做不成大事。做人『大气』和做事『精细』是相辅相成的，没有『大气』的修为，任何『精细』都只能是盲人摸象、坐井观天；没有『精细』的实践，任何『大气』都只能是空怀抱负、望洋兴叹。

第二章 睿智容人，为自己的成功开路

古人说：容天下难容之事，才能得天下。要做宰相，也得肚里能撑船，额头跑得马。舞台有多大，就需要你的心有多大。容纳就是力量，团结就是容纳，要做事就得求人，做的事越大，求的人越多，容的人就越多。有容才能整合各种资源，优化配置。缺少对人的包容，就会激化矛盾，别人定会口服心不服，总有小动作出来。有人说，做大事的人的胸怀都是被反对者撑大的。与自己不喜欢或不喜欢自己的人相处，是对胸怀的锻炼和拓展。包容是善的力量，它能拉近人与人之间的距离，改善彼此间的关系。

目 录
Mu lu

第三章 虚怀若谷，在谦虚低调中丰富自己

做人最优秀的品质就是谦虚，谦虚是一种内涵，谦虚是一种包容。不骄不躁、不矜不伐、辞尊居卑、虚怀若谷……在中华字典上表达谦虚之意的成语俯拾皆是。然而生活中这样的人却很稀缺。很多人常常在艰难时很谦和虚心，而在功成名就后就会变得趾高气扬，不仅再难进步，还往往因为自以为是而摔得鼻青脸肿。就此而论可以说，战胜失败难，承受胜利更难。只有常怀谦虚心，才能经得起失败的考验，又经得起胜利的考验。谦虚谨慎者往往能顾全大局，在取得初步成功后继续向着新的目标前进。只有不重自身，不骄矜傲物，懂得适时合度地谦虚退让，才能赢得正直者的尊重，避免狭隘好妒者的嫉恨。

第四章 悦纳缺陷，不要苛求完美

人每个人的内心都需要一个支点，也就是自我的生活哲学。上帝关上了你的一扇门，他一定不会忘记给你开扇窗。缺陷是一种另类美，不完美才造就完美。很多时候，我们逃避缺陷，便会使优势受到局限，把大多数注意力集中在了缺点上，想方设法令自己和别人忽视它，如此一来，就没有精力发挥自己的优势，也没有闲情逸致去品味生活的情趣。生活中总是有许多不快乐、生活中也不乏艰辛，试着抛开一切妄念，感受清新的晨曦，观察晶莹的露珠，看满天星辰璀璨，沐浴在清凉的夜风中，让内心远离尘世的喧嚣，让心灵在碧空下自由的呼吸，学会找回自我，这才是你在这世上真正拥有的一切！

目 录
Mu lu

第五章 用包容之心呵护情感『家园』

家是人生的情感港湾，是我们每个人获得幸福和快乐的『家园』。然而，生活中无论是父母与孩子间，还是婚姻生活中或朋友之间都难免会出现误会与磨擦，如果你处处寸步不让、甚至是得寸进尺的去计较，那么等待你的定会是无休的争吵与打闹。相反，如果你能用一颗宽厚的心胸去包容你的亲人、爱人、朋友，这样抱怨就会少一些，理解就会多一些；争吵就会少一些，关爱就会多一些；争斗就会少一些，和谐就会多一些；痛苦就会少些，幸福和快乐就会多一些。

第六章 大智若愚，心宽之中尽享洒脱人生

古语云：大智若愚，大巧若拙。这句话的意思是拥有大智慧的人往往都表现很愚钝，身手很灵敏的人往往都表现的很笨拙。没有人期望愚蠢呆笨，但是愚和智从来都是相对存在的，而且可以相互转化，其中的分寸把握充分体现着人生的智慧。在人的一生中，能够立自身根基的事不外乎两件：一件是做人，一件是做事。的确，做人之难，难于从躁动的情绪和欲望中稳定心态；成事之难，难于从纷乱的矛盾和利益的交织中理出头绪。而最能促进自己、发展自己和成就自己的人生之道便是：低调做人，高调做事，这是一个人成就大事的最起码的前提。

目　录
Mu lu

第七章 淡看得失，打造不计较的人生

人的一生中，凡事有得必有失，这是自然循环规律。当你得到了财富，你可能失去了大好时光；当你把握了时间，你可能失去了自在生活的乐趣；当你得到了你爱的人，可能你失去了爱你的人；当你失去了小利益，可能就是你获得大收益的开始……人生往往就是这样，鱼和熊掌两者不能兼得。因此，面对得失，坦然待之，凡事重要的是过程，对其结果过于斤斤计较，或是耿耿于怀，只会让你陷入无尽的苦恼中，就会远离人生最重要的幸福与快乐。

第八章 以退为进，在忍耐之中长能耐

能『忍』是一生的修行，忍耐心应该是一种『以退为进』的心态，是身心修养后方可具有的能力，它属于一种明心见性的『处世态度』，但是，忍耐心并不等于提倡无所作为，忍耐不是软弱，把忍耐心庸俗化、世俗化、简单化，都是对忍耐心本意的曲解。忍耐心是一颗超越的心，超越的过程是向物质世界和精神世界挑战的过程，而不是逃避。尤其人与人相处，难免有所不公与亏欠。能够在吃亏时不计较、不比较，能想得开，这就是成功者必备的忍耐心。

第九章 忍气只为争气，鸿鹄之志曲中求

忍耐是一大智慧。这种忍，不是性格软弱，忍气吞声、含泪度日之举，而是高明人的一种谋略，是为人处世的上上之策。所谓忍之有道，是为图大业等待时机成熟的准备。这不是怯懦，更不是放弃，它是我们保全自身的手段；也是谋取更大成功的起点。所以说：人要受气、忍气、争气，千万不要泄气，忍气，可以说是通往成功之路的必修课！

第一章
海纳百川，心胸宽广才能容纳更多

古语说“厚德载物”，因德是无私的、最可信赖的，是万物皆可亲可近的媒介，这种德越淳厚，就越有承载性和包容性。能容人，这是一种雅量，大气就是大胸怀、大视野、大才略、大胆识、大决心。大气，即大度，海纳百川的气度。做人大气方能容天下之事，运筹帷幄，成就大事。精细，精心细致。事无大小，惟有精细，才能事半功倍。成功源于大气、精细。没有气度、气魄的人，做不成大事。做人“大气”和做事“精细”是相辅相成的，没有“大气”的修为，任何“精细”都只能是盲人摸象、坐井观天；没有“精细”的实践，任何“大气”都只能是空怀抱负、望洋兴叹。

做人要有大气量

据古书记载：孟子第一次见梁惠王的儿子襄王时，走出来对大家说："望之不似人君，就之而不见所畏焉。"意思是说：远远地看襄王，他根本没有君主的样子，近处观察发现，他没有一点谦虚之德和恐惧戒慎之心，可见其器量之狭小。对此，南怀瑾先生曾感慨说："越是有德的人，当他的地位越高，临事时就越是恐惧，越加小心谨慎……不但一国君主应该戒慎恐惧，就是一个平民，平日处世也应该如此，否则的话，稍稍有一点收获，就志得意满。赚了一点钱，就高兴得睡不着觉，这就叫做'器小易盈'，就像一个小酒杯，加一点水就满溢出来了，像这样的人，是没有什么大作为的。"在南先生看来，古人立身修德，应当追求"海纳百川，有容乃大；壁立千仞，无欲则刚"之境界；那些目光短浅、骄傲自大之辈，是绝不会成就大事的。

法国大作家雨果说："世界上最广阔的是海洋，比海洋更广阔的是天空，比天空更广阔的是人的胸怀。"气量和胸怀决定了一个人生存的高度。对于一个人来说，气量是处世立身的根本。气量，是一种不需投资便能得到的精神滋补品；是一种保持身心健康、具有永久疗效的"维生素"；是一种宠辱不惊，笑看庭前花开花落的清醒剂；是一种使人做到骤然临之而不惊，无故加之而不怒的智慧和定力。气量，鄙视的是斤斤计较、蝇营狗苟和鼠目寸光的行为；崇尚的是磊落坦荡、无私无畏和志存高远的品格；失去的是不平、烦恼和怨恨；得到的是友情、快乐和幸福；抛弃的是狭隘、偏激、小气和毫无意义的你争我斗；得来的是宽广、博大、舒畅和融洽的人际关系。

南非的民族斗士曼德拉，因为带领人民反对白人种族隔离政策而入狱，白人统治者把他关在荒凉的大西洋小岛罗本岛上27年。当时尽管曼德拉已经步入老年，但是白人统治者依然像对待年轻犯人一样对待他。

曼德拉被关在总集中营一个“锌皮房”里，他的任务是将采石场采的大石块碎成石料，有时从冰冷的海水里捞取海带，还要做采石灰的工作。因为曼德拉是要犯，专门看守他的就有三个人，他们对他并不友好，总是寻找各种理由虐待他。

27年的监狱生活并没有打倒曼德拉，他坚强地走出监狱，获得了自由。1991年，他被选为南非总统。曼德拉在他的总统就职典礼上的一个举动震惊了整个世界。总统就职仪式开始时，曼德拉起身致欢迎词。他先介绍了来自世界各国的政要，然后他说，他深感荣幸能接待这么多尊贵的客人，但他最高兴的是当初他被关在罗本岛监狱时看守他的三名狱方人员也能到场，然后他把这三人介绍给了大家。

曼德拉博大的胸襟和崇高的精神，让那些残酷虐待了他27年的白人无地自容，也让所有到场的人肃然起敬。

看着年迈的曼德拉缓缓站起身来，恭敬地向三个曾关押他的看守致敬，世界在那一刻平静了。

事后，曼德拉向朋友们解释说，自己年轻时性子很急，脾气暴躁，正是在狱中学会了控制情绪才活了下来。他的牢狱岁月给了他激励，使他学会了如何面对苦难。他说，感恩与宽容经常是源自痛苦与磨难的，必须以极大的毅力来训练。身陷囹圄的时候，如不能把悲痛与怨恨留在身后，那么这个人其实仍在狱中，因为他的心灵始终都处于禁锢的状态。

匆匆百年红尘，人生不如意之事十有八九。面对挫折、苦难，是否能保持一份豁达的胸怀和一种积极向上的人生态度，需要博大的胸襟与非凡的气度。所以，先哲提倡“风物长宜放眼量”，人生重在追寻长久的精神底蕴，不必计较一时的成败得失。忍受孤独，在彷徨失意中修养自己的心灵，这就是最大的收获，如蚌之含沙，在痛苦中孕育璀璨的珍珠。

坦然豁达源自宽容之心

人生在世，无论对谁，都需要多一份宽容，宽容是人们对生命的感恩与尊重，对情谊的难以割舍。宽容是一种美德，我们要有自己的行动，常怀一颗宽大的心。宽容，可以唤醒别人的良知，可以让自己更加坦然。宽容别人，而不是一味地责怪、抱怨，我们将由此收获豁达与尊重。

曾任美国总统的福特在大学里是一名橄榄球运动员，身体非常好，所以他在62岁入住白宫时，他的身体仍然非常挺拔结实。当了总统以后，他仍继续滑雪、打高尔夫球和网球，而且擅长这几项运动。

在1975年5月，他到奥地利访问，当飞机抵达萨尔茨堡后，他走下舷梯时，他的皮鞋碰到一个隆起的地方，脚一滑就跌倒了。他跳了起来，没有受伤，但使他惊奇的是，记者们竟把他这次跌倒当成一项大新闻，大肆渲染起来。在同一天，他又在丽希丹宫被雨淋滑了的长梯上滑倒了两次，险些跌下来。随即一个奇妙的传说散播开了：福特总统笨手笨脚，行动不灵敏。自萨尔茨堡以后，福特每次跌跤或者撞伤头部或者跌倒雪地上，记者们总是添油加醋地把消息向全世界报道。后来，竟然反过来，他不跌跤也变成新闻了。哥伦比亚广播公司曾这样报道说："我一直在等待着总统撞伤头部，或者扭伤胫骨，或者受点轻伤之类的来吸引读者。"记者们如此的渲染似乎想给人形成一种印象：福特总统是个行动笨拙的人。电视节目主持人还在电视中和福特总统开玩笑，喜剧演员切维·蔡斯甚至在《星期六现场直播》节目里模仿总统滑倒和跌跤的动作。

福特的新闻秘书朗·聂森对此提出抗议，他对记者们说："总统是健康而且优雅的，可以说他是我们能记得起的总统中身体最为健壮的一位。"

“我是一个活动家，”福特诙谐地说道，“活动家比任何人都容易跌跤。”

生活是需要睿智的。如果你不够睿智，那至少可以豁达。以乐观、豁达、体谅的心态看问题，就会看出事物美好的一面；以悲观、狭隘、苛刻的心态去看问题，你会觉得世界一片灰暗。两个被关在同一间牢房里的人，透过铁窗看外面的世界，一个看到的是美丽神秘的星空，一个看到的是地上的垃圾和烂泥，这就是区别。

面对嘲笑，最忌讳的做法是勃然大怒，大骂一通，其结果只会让嘲笑之声越来越高。要让嘲笑自然平息，最好的办法是一笑了之。一个目标坚定的人，不会去考虑别人多余的想法，而是有风度、有气概地接受一切为难与嘲笑。伟大的心灵多是海底之下的巨流，唯有小丑式的人物，才会像烦人的青蛙一样，整天聒噪不休！

大度是一种能力与修养

大度，是一种修养，是一个人健全人格和健康心理的体现。大度也是一种气质，是一个人幸福生活的前提。大度来自人的理念、理想追求及道德修养。要做到大度不小气，首先要眼界宽阔，而不能目光短浅。因为，眼界宽阔的人在看问题方面会比较大气，而没有什么见识的人只能局限于自己的小圈子里面，为了鸡毛蒜皮的事情跟人吵得面红耳赤。因此，我们要始终怀着一颗美好的心去观察和认识世界，要用长远的眼光去看问题，只有这样，才能具有宏大而深邃的视野，才能有宽阔的胸襟。

从前有两个人出家，一个叫提耆罗，一个叫那赖。这两个人神通广大，本领高超，无论是婆罗门、佛家弟子，还是仙人、圣人、龙王及一切鬼神，无不钦佩，都来向他们顶礼膜拜。

一天夜里，提耆罗因长时间诵经感到十分疲乏，先睡了。那赖当时还没有睡，一不小心踩了提耆罗的头，使他疼痛难忍。提耆罗一时心中大怒地说："谁踩了我的头？明天清早太阳升起一竿子高的时候，他的头就会破为七块！"那赖一听，也十分恼怒地叫道："是我误踩了你，你干什么发那么重的咒？器物放在一起，还有相碰的时候，何况人和人相处，哪能永远没有个闪失呢？你说明天日出时，我的头就要裂成七块，那好，我就偏不让太阳出来，你看着好了！"

由于那赖施了法术，第二天，太阳果然没有升起来。一连几天过去了，太阳仍没有出现。两个人由于心胸狭窄，不能宽宥对方，从而让整个世界都处在了一片漆黑中。

这个小故事告诉了我们一个深刻的道理：做人要大气、大度，不能够小肚鸡肠，否则对自己也不利。

宽以待人，历来被我国历史上的仁人贤士所推崇。“唯宽可以容人，唯厚可以载物。”有些人却是完全“严以待人，宽以律己”。如果别人稍微做错了一点事情，就借题发挥，破口大骂，完全不顾他人感受，似乎别人就会一错再错，要把别人的尊严踩在脚下。如果自己做错了事情，则可以把黑的说成白的，或者干脆推卸责任，这种人恐怕没有几个人愿意与之交往。在人际关系中，这种狭隘偏激的行为正犯了大忌，一次两次的短期接触还好，长此以往则会招人怨。

曾有王姓的两兄弟，合伙在东莞开办制衣厂。兄弟俩苦苦经营了十年，眼看这家厂有了起色，财源滚滚而来，然而，弟媳却开始怀疑大伯多占了便宜，兄嫂也开始怀疑小叔子暗中多吞了钱财，不久，两兄弟便闹起了内讧，又是争权，又是争钱。一个好端端的工厂，因为两兄弟最后都把心思用到了闹分家上，再也没人来管理。而市场经济是无情的，所以没过多久制衣厂便倒闭关门了。

这个故事应该能够给人以警示，小肚鸡肠只会让你失去更多！

避免小气，就要做到心理平衡。这既是保持身心健康的良方，又是事业成功的重要条件。善于调节心理平衡的人，必然心胸宽广，不会计较于一时得失，什么伤心事、苦恼事统统都可置之度外。反之，鸡肠小肚、心胸狭窄，动不动就落个心理不平衡，在这样的心态下生活，生活的质量必然会大打折扣。如果我们经常想一想“生命在于平衡”的道理，就有助于我们正确对待工作、生活中的诸多不如意之事。

清代学者张潮曾说：“律己宜带秋风，处事宜带春风。”让我们多一些长远的目光，少一些狭隘的思维；多一些磅礴大气，少一些鸡肠小肚；多一些理解，多一些宽容，多一些主见，不轻易受别人的影响。这才是符合禅的哲理和智慧，这才是有为之人所必备的气质和胸怀。

放开胸怀，拥有更多

我们说心就像一个人的翅膀，心有多大，世界就有多大。但如果不能打碎心中的四壁，你的翅膀就舒展不开，即使给你一片大海，你也找不到自由的感觉。

有一条鱼在很小的时候被捕上了岸，渔人看它太小，而且很美丽，便把它当成礼物送给了女儿。小女孩把它放在一个鱼缸里养了起来，每天这条鱼游来游去总会碰到鱼缸的内壁，心里便有一种不愉快的感觉。

后来鱼越长越大，在鱼缸里转身都困难了，女孩便给它换了更大的鱼缸，它又可以游来游去了。可是每次碰到鱼缸的内壁，它畅快的心情便会黯淡下来，它有些讨厌这种原地转圈的生活了，索性静静地悬浮在水中，不游也不动，甚至连食物也不怎么吃了。女孩看它很可怜，便把它放回了大海。

它在海中不停地游着，心中却一直快乐不起来。一天它遇见了另一条鱼，那条鱼问它："你看起来好像闷闷不乐啊！"它叹了口气说："哎，这个鱼缸太大了，我怎么也游不到它的边！"

我们是不是就像那条鱼呢？在鱼缸中待久了，心也变得像鱼缸一样小了，不敢有所突破。即使有一天，到了一个更为广阔的空间，已变得狭小的心反倒无所适从了。

打开自己，需要开放自己的胸怀。

开放，是一种心态、一种个性、一种气度、一种修养；是能正确地对待自己、他人、社会和周围的一切；是对自己的专业和周围的世界都怀有强烈的兴趣，喜欢钻研和探索；是热爱创新，不墨守成规，不故步自封，不固执僵化；是乐于和别人分享快乐，并能抚慰别人的痛苦与哀伤；是谦虚，承认自己的不足，并能乐观地接受他人的意见，而且非常喜欢和别人交流；是乐于承担责任和接受挑战，是具有极强的适应性，乐意接受新的思想和新的经验，能够迅速适应新的环境；是坚强的心胸，敢于面对任何的否定和挫折，不畏惧失败。

不打开自己，一个人就不可能学会新东西，更不可能进步和成长。开放的胸怀，是学习的前提，是沟通的基础，是提升自我的起点。在一个组织里，最成功的人就是拥有开放胸怀的人，他们进步最快，人缘最好，也容易获得成功的机会。

具有开阔胸怀人，会主动听取别人的意见，改进自己的工作。比尔·盖茨经常对公司的员工说："客户的批评比赚钱更重要。从客户的批评中，我们可以更好地汲取失败的教训，将它转化为成功的动力。"比尔·盖茨本人就是一个心态非常开放的人，他鼓励公司里每个人畅所欲言，当别人和他有不同意见时，他会很虚心地去听。每次公开讲演之后，他都会问同事哪里讲得好，哪里讲得不好，下次应该怎样改进。这就是世界首富的作风，也是他之所以能成为首富的潜质。

开放的心自由自在，可以飞得又高又远；而封闭的心像一池死水，永远没有机会进步。如果你的心过于封闭，不能接纳别人的建议，就等于锁上了一扇门，禁锢了你的心灵。要知道偏狭就像一把利刃，会切断许多机会及沟通的渠道。

花草因为有土壤和养分才会茁壮成长、绽放美丽，人的心灵也必须不断接受新思想的洗礼和浇灌，否则智慧就会因为缺乏营养而枯萎死亡。

宽容让心灵充满阳光

宽容的确是一种美德，温暖的宽容也的确让人难忘。

公共汽车上人多，一位女士无意间踩疼了一位男士的脚，便赶紧红着脸道歉说："对不起，踩着您了。"不料男士笑了笑："不不，应该由我来说对不起，我的脚长得也太不苗条了。""哄"的一声，车厢里立刻响起了一片笑声，显然，这是对优雅风趣男士的赞美。而且，身临其境的人们也不会怀疑，这美丽的宽容将会给女士留下一个永远难忘的美好印象。

一位女士不小心摔倒在一家整洁的铺着木板的商店里，手中的奶油蛋糕弄脏了商店的地板，便歉意地向老板笑笑，不料老板却说："真对不起，我代表我们的地板向您致歉，它太喜欢吃您的蛋糕了！"于是女士笑了，笑得挺灿烂。而且，老板的热心打动了她，她立刻下决心"投桃报李"，买了好几样东西后才离开了这里。

是的，这就是宽容——甜美、温馨、亲切、明亮、是阳光，谁又能拒绝阳光呢！

"二战"结束后不久，丘吉尔在一次大选中落选了。他是个名扬四海的政治家，对于他来说，落选当然是件极狼狈的事，但他却极坦然。当时，他正在自家的游泳池里游泳，是秘书气喘吁吁地跑了来告诉他："不好！丘吉尔先生，您落选了！"不料丘吉尔却爽然一笑说"好极了！这说明我们胜利了！我们追求的就是民主，民主胜利了，难道不值得庆贺？朋友劳驾，把毛巾递给我，我该上来了！"

真佩服丘吉尔，那么从容，那么理智，只一句话，就成功地再现了一种豁达大度和宽厚的大政治家的风范！

还有一次，在一次酒会上，一个女政敌高举酒杯走向丘吉尔，并指了指丘吉尔的酒杯，说："我恨你，如果我是您的夫人，我一定会在您的酒里投毒！"显然，这是一句满怀仇恨的挑衅，但丘吉尔笑了笑，挺友好地说："您放心，如果我是您的先生，我一定把它一饮而尽！"

妙！果然是从容不迫。不是吗？既然您的那句话是假定，我也就不妨再来个假定。于是就这么一个假定，也就给了对方一个极宽容的印象，并给了人们一个重要的启示。原来，你死我活的斯杀既可做刀光剑影状，更可以做满面春风状。

是的，这就是宽容！一种大智慧！一种大聪明！有句老话：有容乃大。恰如大海，正因为它谦逊地接纳了所有的江河，才有了天下最壮观的辽阔与豪迈！像海一般宽容吧！那不是无奈，那是力量！既然如此，何不宽容——即便是与对手争锋时。

宽容是一种智慧。懂得宽容的人，堪称一个智慧的人。他总是使一些猜忌和误会消失于无形，由此避免许多无谓的冲突和不良的后果。他能使自己心性平静、神采安逸；他不会因为自己的个人得失而心潮起伏，也不会因为蝇头小利而斤斤计较，更不会为了鸡毛蒜皮之事而争得你死我活、脸红脖子粗；他目光远大，心胸开阔，善明事理，勇于开拓，他追求的是永恒的春天、快乐的人生。

让你的宽容能带领心灵走出黑暗

如今，她是一位医生，28岁正逢花样年龄，可是她的右脸边有一道伤疤，这使她至今没有结婚……

本来，医生的职责是救死扶伤，可是，望着眼前这个病人，她犹豫了……

在她8岁时，正上三年级，她的同桌无理地抢过她新买的一支钢笔，她当然不同意，两人扭打在一起，情急之下，同桌用一个刀片划伤了她的脸，不算深，但很长。她哭了，她不敢告诉老师和家长，也不愿以牙还牙。她的眼里含着泪，再次看了同桌一眼，同桌的嘴角边有一块痣，她永远都忘不了……在以后的日子里，她成为同学们的笑料，她只有刻苦学习，以优异的成绩来弥补。

再次看着眼前这个病人，她的脸上有着跟同桌一样的痣，不，她就是同桌！同桌是因为车祸而被送进医院的。她只要把刀开得偏一点儿，同桌的脸上也同样会出现一道疤，“复仇”本是人的本性……迟疑了一会儿，她做出了决定，在“公”与“私”面前，她选择了“公”。她完美地做了这个手术，并且原谅了同桌。

宽容不是风度，而是人格。女医生是值得敬佩的，她以德报怨，宽容别人时，自己心里也坦荡。

在别人有意得罪时，女医生还能原谅；而在我们的生活中，别人无意犯下的罪更应该原谅，让对方心存感激。要知道，宽容并不是怯懦，与世无争的你岂不为君子乎？地洼下，水流之；人宽容，德归之。

宽容像一朵鲜花，散发着清香，即使有人踩一脚，也依然会把香味留在那人鞋底。

宽容如一场小雨，给人以清爽，焕发激情，即使大地很污秽，也依然会覆盖它的周身。

宽容似一把花伞，给人以舒适，倾盆大雨将至，即使自己淋雨，也会永远当人头顶的“天空”。

宽容的最高境界就是原谅曾经伤害过自己的人，既然是最高境界，隐含的意思就是要做到是很难的。确实，不管发生到谁身上，都很难做到，因为谁都不是圣人。但是换一个角度来讲，不原谅，要恨那个人一辈子，或者有机会一定要报复。这样的话，自己会快乐吗？假设报复成功了，被报复的人也就成了当初的你，你让自己的仇人也怀恨在心，也伺机报复。这达到了报复的目的了吗？

女医生本来有机会在小学同学脸上划一道疤，让她成为和她同样的人，但是她没有这样做。雨果说：“最高贵的复仇方式是宽容。”女医生原谅她了，仇恨自然消失了。假使她那一刀划下去了，她或许会一辈子自责，备受良心的谴责。她的心灵在宽容的那一刻得到了救赎，在以后的岁月里，每当从镜子里看到自己的伤疤，她没有了仇恨，只有坦然。

宽容拯救了别人，更拯救了自己。

做人气度决定人生格局

人们常说："将军额上能跑马，宰相肚里可撑船。"一个人的气度可以决定他做事的格局，我们在工作和生活中，要不断地和人打交道，不论是朋友还是同事，或者是客户和竞争对手，每个人都有着自己的个性、爱好和生活方式，生长环境不同，受的教育程度不同，生活习惯也不相同。不可能所有人都是同一个节拍，也不可能都顺我们的心意。如果因为看不惯别人，就与他断绝一切往来，那用不了多久就会成为孤家寡人。

所以，做人处世要有容人之量，这样才会有人与你共同进退。

官渡之战前，陈琳为袁绍写讨伐曹操的檄文。陈琳才思敏捷，斐然成章，文章从曹操的祖父骂起，一直骂到曹操本人，贬斥他是古今第一"贪残虐烈无道之臣"。据说曹操让手下念这篇檄文时正犯头痛病，听到要紧处不禁厉声大叫，气出一身冷汗，头竟然不疼了。可见此文的确戳到了曹操的要害。

袁绍战败后，陈琳转投曹操。曹操对这篇火力凶猛的檄文还耿耿于怀，便问陈琳："你骂我就骂我吧，为何要牵累我的祖宗三代呢？"陈琳的回答言简意赅："箭在弦上，不得不发耳！"曹操听了呵呵一笑，不再计较。

曹操知道，陈琳这样的文人并非存心和他过不去，当年写檄文骂他，是形势所逼，迫不得已。所谓各为其主，既然陈琳谋食于袁绍，那主公要他干活，理当尽心竭力，檄文就是这种情形下的产物。杀掉陈琳，虽没有什么明显的负面效应，却也无利可图，倒不如放他一马，为我所用。于是他不仅没有杀陈琳，反而还委以重用。

这让陈琳很感动，后来为曹操出了不少好主意。直到建安二十二年，中原大疫，陈琳病死。虽称不上善终，但比起弥衡的被借刀杀掉、孔融的倾巢之覆，以及杨修的死于非命，到底幸运多了。

大凡小肚鸡肠，睚眦必报的人做事都容易走极端，只言片语也会耿耿于怀，这使得他们别说是成就大事，就连一般小事都做不好，因为人际关系的僵滞，谁也不会愿意帮助他的。

曹操和周瑜都是三国时代才华横溢的人物，然而两人的度量大相径庭。曹操虽然奸诈凶狠，却有政治家的胸怀，广纳贤士，而周瑜嫉贤妒能，谁都容纳不下，最后被活活气死。

周瑜是个将才，可是他空有大将之才却无大将之雅量，虽然是才智超群，然而，妒嫉心极重，容不得超过自己的人。他对诸葛亮一直耿耿于怀，几次欲害之，均不得逞。赤壁之战，周瑜损兵马，费钱粮，却叫诸葛亮图了个现成，气得周瑜“大叫一声，金疮迸裂”。后来，周瑜用美人计，骗刘备去东吴成亲，被诸葛亮将计就计，最后是“赔了夫人又折兵”，又气得周瑜“大叫一声，金疮迸裂”。最后，周瑜用“假途灭虢”之计，想谋取荆州，被诸葛亮识破，四路兵马围攻周瑜，并写信规劝他，周瑜仰天长叹：“既生瑜，何生亮！”连叫数声而亡，可见周瑜度量之小。

事实证明，事业越成功的人，做人处世也就越不会走极端，而是有着柔与忍的做人处世的智慧。不走极端，有气度，可以使自己赢得别人的信任，也可以使自己不受一时得失的影响，保持对事物正确的判断。

量大心阔天地宽

宽容是心与心的交融，无语胜有声；宽容是仁人的虔诚，是智者的宁静。正因为天空容忍了雷电风暴一时的肆虐，才有风和日丽；辽阔的大海容纳了惊涛骇浪一时的猖獗，才有浩渺无限。

一位住在山中茅屋修行的禅师，有一天趁夜色到林中散步，在皎洁的月光下，突然开悟。他喜悦地走回住处，看见自己的茅屋遭小偷光顾了。找不到任何财物的小偷要离开的时候在门口遇见了禅师。原来，禅师怕惊动小偷，一直站在门口等待。他知道小偷一定找不到任何值钱的东西，早就把自己的外衣脱下拿在手上。

小偷遇见禅师，正感到惊愕的时候，禅师说："你走老远的山路来探望我，总不能让你空手而回呀！夜凉了，你带着这件衣服走吧！"

说着，就把衣服披在小偷身上，小偷不知所措，低着头溜走了。

禅师看着小偷的背影消失在山林之中，不禁感慨地说："可怜的人呀！但愿我能送一轮明月给他。"

禅师目送小偷走了以后，回到茅屋赤身打坐，他看着窗外的明月，进入空境。

第二天，他在禅室里睁开眼睛，看到他披在小偷身上的外衣被整齐地叠好，放在门口。禅师非常高兴，喃喃地说："我终于送了他一轮明月！"

面对偷窃的盗贼，禅师既没有责骂，也没有告官，而是以宽容的心胸原谅了他，禅师的宽容和原谅也终于换得了小偷的醒悟。

宽容是一种大度，是一种豁达；宽容能够容纳万物，宽容能够包含太虚。心旷为福之门，心狭为祸之根。心胸坦荡，不以世俗荣辱为念，不为世俗荣辱所累，就活得轻松、潇洒、磊落。心胸狭隘，一事不顺便心存憎恨，一句话不顺，就耿耿于怀，心灵上栽满荆棘，思想上遮满云雾，整日抑郁，常年忧虑，这无异于自戕自害。

生活中如果没有宽容，会使人处处碰壁，寸步难行。没有宽容，会使人像过街老鼠，处处挨打。因为一个人是生活在社会之中的，要和许多人打交道，因此不可能一切都遂意，不可能让整个世界都随着你，顺着你。我们要学会宽容，要用宽阔的心胸去包容一切违逆和挫折，更要以宽阔的心胸去理解他人的误会和偏见。如果你宽容他人，你也会得到他人的宽容。胸襟豁达，宽恕别人，对于改善人际关系和身心健康都是大有裨益的。

一个人能从大处着眼，或暂时抛弃个人的利益，这恰恰是“心胸天地阔”、思想境界高的表现，是人际交往中的积极因素。“人无完人”，任何人都不可能没有缺点，人的一生是不断自我完善的过程。别人有些过失，若能予以正视，就可以用适当的方法、善意的宽容，使之避免犯错。自己有了过失，亦不必心灰意冷，一蹶不振，同样也应宽恕与容纳自己，并努力从中吸取教训。

宽容，对人对己都可成为一种高尚的精神援助。宽以相容，不仅有益身心健康，而且对赢得友谊，保持家庭和睦、婚姻美满，乃至事业的成功都有很大帮助。

第二章
睿智容人，为自己的成功开路

古人说：容天下难容之事，才能得天下。要做宰相，也得肚里能撑船，额头跑得马。舞台有多大，就需要你的心有多大。容纳就是力量，团结就是容纳，要做事就得求人，做的事越大，求的人越多，容的人就越多。有容才能整合各种资源，优化配置。缺少对人的包容，就会激化矛盾，别人定会口服心不服，总有小动作出来。有人说，做大事的人的胸怀都是被反对者撑大的。与自己不喜欢或不喜欢自己的人相处，是对胸怀的锻炼和拓展。包容是善的力量，它能拉近人与人之间的距离，改善彼此间的关系。

放别人一条出路

《菜根谭》里说："路径窄处留一步，与人行；滋味浓时减三分，让人嗜。此是涉世一极乐法。"这句话的意思是说，在狭窄的小路上行走时要留出让别人能通过的空隙，不可把整条路都占尽了，得到利益时不妨让三分给别人共享，不可一个人独享好处。

包布·胡佛是一位著名的试飞员，并且常常在航空展览中表演飞行。一天，他在圣地亚哥航空展览中表演完毕后飞回洛杉矶。在空中300米的高度，两个引擎突然熄火。包布·胡佛基于熟练的技术和丰富的经验，使得飞机安全着陆，虽然飞机严重损坏，但幸运的是没有人受伤。

在迫降之后，胡佛的第一个行动是检查飞机的燃料。正如他所预料的，他所驾驶的这架第二次世界大战时的螺旋桨飞机，居然装的是喷气机燃料而不是汽油。

回到机场以后，他要求见见为他保养飞机的机械师，那位年轻的机械师为所犯的错误而极为难过。当胡佛走向他的时候，他正泪流满面。他造成了一架非常昂贵的飞机的损失，而且差一点还使得三个人失去生命。

大家都以为胡佛必然大为震怒，并且预料这位极有荣誉心、事事要求精确的飞行员必然会痛责机械师的疏忽。但是，出乎大家意料的是胡佛并没有责骂那位机械师，甚至于没有批评他。相反，他用手臂抱住那个机械师的肩膀，对他说："为了表示我相信你不会再犯错误，我要你明天再为我保养飞机。"

胡佛的宽容令人折服，也正是这种不揪住别人的错不放的人才能成为我们做人的榜样。在下面的事例中，乔丹也是以这种宽广的胸怀，赢得了队友的尊重。

当乔丹在公牛队时，年轻的皮蓬是队里最有希望超越他的新秀。年轻气盛的皮蓬有着极强的好胜心，对于乔丹这位领先于自己的前辈，他常常流露出一种不屑一顾的神情，还经常对别人说乔丹哪里不如自己，自己一定会把乔丹击败之类的话。但乔丹没有把皮蓬当做潜在的威胁而排挤他，反而对皮蓬处处加以鼓励。

有一次，乔丹对皮蓬说："你觉得咱俩的三分球谁投得好？"

皮蓬不明白他的意思，就说："你明知故问什么，当然是你。"

因为那时乔丹的三分球成功率是28.6％，而皮蓬是26.4％。但乔丹微笑着纠正："不，是你！你投三分球的动作规范、流畅，很有天赋，以后一定会投得更好。而我投三分球还有很多弱点，你看，我扣篮多用右手，而且要习惯地用左手帮一下。可是你左右手都行，所以你的进步空间比我更大。"

这一细节连皮蓬自己都不知道。他被乔丹的大度给感动了，渐渐改变了自己对乔丹的看法。虽然仍然把乔丹当做竞争对手，但是更多的是抱着一种学习的态度去尊重他。

一年后的一场NBA决赛中，皮蓬独得33分(超过乔丹3分)，成为公牛队中比赛得分首次超过乔丹的球员。比赛结束后，乔丹与皮蓬紧紧拥抱着，两人泪光闪闪。

乔丹不仅以球艺，更以他那坦然无私的广阔胸襟赢得了所有人的拥护和尊重，包括他的对手。

正如比尔·盖茨所说："以宽容的态度对待失败者正是硅谷成功的关键之所在。"在竞争中能够做到宽容的人是品德高尚的人。想超越别人不一定要期望别人遇到障碍，甚至故意给别人设置障碍。让自己更强大更优秀，同时还要真诚地欣赏别人的长处，这才是光明磊落的行为，这样，才能赢得别人真心诚意的尊敬。

心胸豁达的人会对别人更宽容，而心胸狭窄的人则会斤斤计较，这两种人哪一种更受欢迎，不言而喻。我们当然不会希望自己的人际关系糟糕到别人都排挤和疏远，要避免这样，那么就需要我们尽量让自己对别人的错误不要太计较。

凡事不要太计较。

苏轼曾记叙了这样一个寓言故事：

在南方的河里有一条豚鱼，它游到了一座桥下，不小心一头撞在桥柱上。河豚不怪自己不小心，也不想着如何绕过桥柱继续向前游，而是生起气来。它认为是桥柱撞了自己，就气得不得了，它一生气就会张开嘴，竖起颌旁的鳍，胀起肚子，漂在水面上很长时间都动弹不得。一只老鹰飞过，看到了漂在水面上的河豚，就把它抓起来，将肚子撕裂，把这条气呼呼的河豚给吃掉了。

苏轼说：世上有在不应该发怒的时候发怒，结果遭到了不幸的人，就像这个河豚，“因游而触物，不知罪己”，不去改正自己的错误，却“安肆其仇，至于磔腹而死”，真是太可悲了！

很多年以前，莱德勒被安排在一艘停泊于重庆的美国海军炮艇上工作。他当时还只是一个低级的尉官，但因为一箱威士忌而突然间出了名。

在一次当地举办的“不看样品的拍卖会”上，他对一个密封的大木箱喊了个价。那个箱子沉甸甸的，据拍卖商说里面是一大箱的威士忌，可是人们都猜测那里面装满了石块，因为那个拍卖商一向是以他的恶作剧而闻名的。

莱德勒出价30美元。拍卖商指着他喊道：“卖了！”这时有人在小声说：“又一个受骗的美国佬！”但是当莱德勒打开木箱时，周围发出了一片嗡嗡的议论声，有懊悔的，也有羡慕的。大木箱内装的是两箱威士忌酒，这在战争时的重庆是极为珍贵的。

英国领事馆的一个秘书出30美元向莱德勒买一瓶，还有人愿意出更高的价，但莱德勒都一一回绝了。因为他不久就要被调走，正打算开一个大型的告别酒会，这些酒正好用得上。

此时，作家欧内斯特·海明威到了重庆。他和很多人一样犯了酒瘾，可是在战时的重庆想找到一瓶好酒可太难了。海明威听说了莱德勒的事，就来到炮艇上，对莱德勒说："我听说你有两箱醉人的玩意儿。"

"是啊。"

"我买6瓶，你要什么价？"

"对不起，先生，我不卖。我留着是为了一旦接到调令离开这里时，好好热闹一番。"

海明威掏出一大卷美钞，说："给我6瓶，你要什么都行。"

"什么都行？"

"你说个价儿吧。"

莱德勒想了一想说："好吧，我用6瓶酒换你6堂课，教我如何成为一个作家。"

"这个价可够高的，"海明威说："真见鬼，老兄，我可是花了好几年的功夫才学会干这一行的啊。"

"而我却有好几年在拍卖时上当受骗，这才交上好运。"莱德勒笑了笑。

海明威做了个鬼脸："成交了。"

莱德勒递给他6瓶威士忌。在接下来的五天里，海明威每天都给莱德勒上一堂课，他真是个了不起的老师，此外，他还喜欢开玩笑。莱德勒也不时地取笑他，特别是拿威士忌当笑料。"你知道，海明威先生，我在拍卖时投个机肯定是值得的。首先，我使那个拍卖商上了当，此外，我还震惊了那些太胆小不敢出价的顾客。而此刻，我用6瓶威士忌正在得到美国最出名的作家辛苦摸索到的从事写作的诀窍。"

海明威眨了眨眼说："你是个精明的生意人。我只是想知道，其余的酒你曾偷偷灌下了多少瓶?"

"我一瓶还没有打开呢,"莱德勒说,"我要把每一滴都为我的大型酒会留着。"

"孩子,我想向你提一点我个人的忠告。千万不要迟疑,去打开一瓶威士忌酒,应尽快地去尝试一下。"但是莱德勒并没有理解海明威的意思。

海明威因事要提前离开重庆。为了跟他学完最后一堂课,莱德勒陪他一起去机场。

"我并没有忘记,"海明威说,"我这就给你上课。"

飞机的发动机已在轰鸣,海明威紧凑着莱德勒的耳朵说:"你在描写别人以前,首先自己得成为一个有修养的人。为此,你必须做到两点:第一,要有同情心;第二,要能够以柔克刚。千万不要讥笑一个不幸的人。而当你自己不走运的时候,不要去硬拼,要随遇而安,然后去挽回败局。"

"我不明白,这对于写作有什么关系?"莱德勒不明白地问。

"这对于你生活是至关重要的。"海明威一字一顿地说。

搬运工人已在装行李了,海明威向飞机走去。在半道上,他转过身来喊道:"我的朋友,我建议你在为你的狂欢会发出请柬以前,最好把你的酒先抽样检查一下!"

几分钟后,飞机已升入蓝天。困惑不解的莱德勒回到藏酒的地方,打开了一瓶,接着开了一瓶又一瓶,里面装的全是茶。原来,那个拍卖商还是把他给骗了。

海明威当然在一开头就知道了实情,但他只字未提,既没有发火,也没有讥笑莱德勒,并且愉快地遵守了交易中他应承担的部分。此时,莱德勒才懂得了他教导自己要做一个有修养的人的涵义。

人都是有缺点的,因而要指出别人的失误之处是很容易的事。但是有一点,我们自己同样也不完美,同样可能遭到别人的指责或嘲笑。因此,以冷静、礼貌的态度对待别人是非常必要的;你也会因此赢得对方的尊重。

宽恕别人，救赎自己

当一个人遭受别人的冒犯、伤害时，会面临两种选择：一是以牙还牙，以愤怒对冒犯，以报复对伤害；二是大人不计小人过，不以为意，一笑了之。前者是大多数人的本能反应，结果是在互相伤害中陷入痛苦的深渊；后者则是一种博大胸怀与理智抉择的综合表现，宽恕了别人的同时，也救赎了自己。

公元前606年，楚庄王率领军队一举平定了斗越椒的反叛，楚庄王兴高采烈地设宴招待大臣，庆祝征战胜利，并赏赐功臣。

席中觥筹交错，热闹异常，直喝到日落西山，大家还没有尽兴。楚庄王便命掌灯继续欢饮。当大家带几分醉意的时候，庄王把他最宠爱的许姬叫出来为大家斟酒助兴。突然，一阵风吹灭了堂烛，宫中漆黑一团。席上一人见许姬美貌异常，趁黑灯瞎火之际，暗中扯她的衣裙，拉她的手。许姬一时受到惊吓，慌乱之中，用力挣扎，不料正抓住那个人的帽缨。她奋力一拉，竟然折断了帽缨。许姬取缨在手，趋步走到庄王跟前，附耳奏道："妾奉大王命敬百官酒，其中一人无礼，乘烛灭，强拉妾袖。妾已揽其缨在手，大王快命人点烛，是谁干的自然一目了然！"说罢，便命掌灯者立即点灯。

楚庄王赶紧阻止，并高声对下面的大臣说："今日喜庆之日难得一逢，寡人今日要与诸卿开怀畅饮。现在大家统统绝缨摘帽，喝个痛快。"当莫名其妙的文武百官皆去缨之后，楚庄王才命令点烛掌灯，于是，那个调戏许姬的人便被遮掩过去了。

散席之后，许姬仍然觉得委屈，不解地问楚庄王："男女之间有严格的界限，况且我是大王您的人。您让我给诸臣敬酒，是对他们的恩宠。有人竟敢当着您的面调戏我，这是对您的侮辱，您不但不察不问，反而替侮辱我的人遮丑，您这不是让别人耻笑吗？这怎么能肃上下之礼，正男女之别呢？”

楚庄王笑着劝慰说：“这你就不懂了。你想想，今天是我请百官来饮酒，大家从白天喝到晚上，大多带几分醉意了。酒醉出现狂态，不足为奇。我如果按你说的把那个人查出来，显了你的贞洁却冷了大家的场，让君臣不欢而散，那可不是我举办这个宴会的目的。况且如果今日揭了他的短，日后让他怎么立足呢？这样一来，我不就失去了一个得力助手吗？现在这样不是很好吗？你依然贞洁，宴会又取得了预期的目的，那人现在说不定也如释重负。”许姬听了庄王的一番道理，十分佩服，就没有再追究。从此，后人把这个宴会叫做“绝缨宴”。

楚庄王这一宽宏大量的举动，收到了绝好的效果。两年后，楚师伐郑，前部主帅襄志的悍将唐狡，自告奋勇率百余人充当先锋，为大军开路。唐狡力战，攻无不克，战无不胜，使楚军进展顺利。楚庄王嘉奖襄志，襄志说：“这都是副将唐狡的功劳。”楚庄王令厚赏唐狡，唐狡不好意思地说：“我怎么还敢讨赏呢？‘绝缨宴’上牵美人衣裾的罪犯就是我呀！蒙大王昔日不杀之恩，今日才舍命相报。”楚庄王感叹，如果当初明烛治他的罪，今天怎么会有人效死杀敌啊！

调戏君主的宠姬，无疑是对君主的羞辱。以楚庄王的地位而对臣子的不敬隐忍宽恕，确实是有胸怀和度量的。从上面这个故事可以看出，楚庄王能顺利平定内乱，夺取霸业，成为春秋“五霸”之一，与他的宽宏大量，善于笼络部属不无关系。由此可见，宽恕的力量是何等巨大。

人，不可能没有过失，但是，往往在很多时候会因为别人的某一次过错，而断送其一生。只要无伤大雅，只要不是心怀恶意，那么能容则容，能忍则忍，扬其优而隐其缺，倘若求全责备，则世上就无人才可用了。

谁都不会没有缺点，而缺点往往也会引发过失的发生。宽恕他人的过失，并不意味着纵容。只要能够掌握好“度”，也许，别人的过失就会成为他加紧努力的开始。

只有宽恕才能给人第二次机会，只有第二次机会才有可能弥补先前犯下的过失。如果我们能宽容一点，给他再来一次的机会，鼓励他，而不是打击他，那么也许你真的可以看到奇迹在你自己身上发生。

宽容让你赢得更多

自古至今，宽容被圣贤乃至平民百姓尊奉为做人的准则和信念，已经成为中华民族传统美德的一部分。

《论语·尧曰》中有“宽则得众”的说法，意思是，宽厚就会得到众人拥护。《格言联璧·接物》里面的“人褊急，我爱之以宽容”，是说人家气量狭小，我用宽容对待他。

可见，立身处世一定要有宽以待人的雅量。唯有如此，我们才能赢得别人的尊敬，化解彼此的仇恨。

在 2004 年雅典奥运会的男子单杠决赛上，28 岁的俄罗斯名将涅莫夫就以他的宽容赢得了众人的爱戴和尊重。

当时，男子单杠决赛的选手们正在激烈角逐着，涅莫夫第三个出场，他以连续腾空抓杠的高难度动作征服了全场观众，但在落地的时候，他出现了一个小小的失误——向前移动了一步，裁判因此只给他打了 9.725 分。

就在此时，奥运史上少有的情况出现了：全场观众不停地喊着“涅莫夫”、“涅莫夫”，并且全部站了起来，不停地挥舞手臂，用持久而响亮的嘘声，表达自己对裁判的愤怒。比赛被迫中断，第四个出场的美国选手保罗·哈姆虽已准备就绪，却只能尴尬地站在原地。

面对这样的情景，已退场的涅莫夫从座位上站起来，向朝他欢呼的观众挥手致意，并深深地鞠躬，感谢他们对自己的喜爱和支持。涅莫夫的大度进一步激发了观众的不满，嘘声更响了，一部分观众甚至伸出双拳，拇指朝下，做出不文雅的动作来。

面对如此巨大的压力，裁判被迫重新给涅莫夫打了9.762分。可是，这个分数不仅未能平息观众的不满，反而使嘘声再次响成一片。

为了平息众怒，也为了让裁判有个台阶下，同时让下位选手正常进入比赛，涅莫夫显示出了他非凡的人格魅力和宽广胸襟。他重新回到赛场，举起右臂向观众致意，并深深地鞠了一躬，表示感谢，接着，他伸出右手食指作出噤声的手势，然后将双手下压，请求和劝慰观众保持冷静，给保罗·哈姆一个安静的比赛环境。

正是涅莫夫的宽容，让中断了十几分钟的比赛得以继续进行。

在那次比赛中，涅莫夫虽然没有拿到金牌，但他仍然是观众心目中的"冠军"；他没有打败对手，但他以自己的宽容征服了观众，也赢得了人们真诚的尊重。

古人说："以恨对恨，恨永远存在；以爱对恨，恨自然消失。"

在生活中，出现不快和委屈的事是常有的，但我们必须选择宽容，否则，憎恨的情绪就会在心里"发酵"，从而使自己沉浸在痛苦的深渊里不能自拔，严重的还会使自己的行为变得极端，最后一发不可收拾。

宽容能使人淡化被伤害的感觉，减轻被伤害的事实，并积极地去思考如何原谅对方。虽然这不是一件易事，从被伤害到原谅对方的过程中，心灵往往会经历一些困难而痛苦地挣扎，但这就是自我救赎的过程。

所以，以宽容之心度他人之过，是做人的需要，只有宽容才能赢得别人的尊敬，只有宽容才能释放自己，为自己压抑的心灵松一口气。

宽恕无敌

对于他人的过失，宽恕所产生的道德上的震撼，比苛责产生的要强烈得多。宽恕，既能使对方知错就改，又会对你心怀感激，欲以回报，这实在是一种为人处世的大智慧。

宽容无敌。宽恕是一种勉励，是一种启迪，它能催人弃恶从善，使误入歧路的人走入正途。宽恕别人才能拯救别人。

在著名的《六度集经》中，有这样一则宽恕敌人、以德报怨的故事：

长寿王仁民爱物、慈悲为怀，其国境内风调雨顺、财富民丰，却也因此引来邻国贪王的觊觎，出兵侵夺。获悉敌兵压境的长寿王，不愿为保卫一己的王权而殃及无辜的百姓，决定舍弃王位，与儿子长生相偕遁隐山林。贪王不费吹灰之力就坐拥长寿王的国土，但他还是不肯放过长寿王，就重金悬赏捉拿长寿王父子。息心山林的长寿王为了义助远来依投的梵志，自愿舍身，让梵志得获赏金，于是轻易被贪王所捕。残暴的贪王故意在长寿王国都通衢上，公然火烧长寿王，以逞己能、警大众。

临死前，长寿王惊见儿子乔装成樵夫，混杂在人群中双眼冒着怒火，满怀仇恨地盯着贪王。长寿王便仰天大喊："希望我的儿子能以仁为诫，秉承以德报怨的家风。"虽然亲耳听到了父亲最后的教诲，但父王惨死、国土沦丧的深仇大恨，还是令年轻的王子一心只想伺机报仇。于是多才多艺的长生，就利用在大臣家当仆役的机会，设法获得贪王的赏识，进而成为贪王的贴身护卫。

在一次随侍贪王出猎的途中，长生刻意让贪王脱离随扈，并迷失在山林间。筋疲力尽的贪王为求一枕好眠，将随身的佩剑卸下，交由他信任的长生保管，自己躺下来休息。待贪王熟睡之际，长生拔剑欲杀贪王，但忽然想起了父亲长寿王的遗言，他一时犹豫起来……正在这时，贪王突然从噩梦中惊醒，不安地说道："我梦见长寿王的儿子要杀我，怎么办?"长生安慰他说："大王不要惊惶，有我在此护卫着你呢。"于是贪王再度安然入睡。如是者三，长生最终决定尊奉父亲的遗言原谅贪王，便主动向贪王表明他的真实身份，并且说："你快将我杀了吧，免得我报仇的恶念又死灰复燃。"

震惊的贪王被长寿王父子以德报怨的仁行深深感动，当下幡然悔悟，自愧不如，于是将国土归还长生，两国结为兄弟之邦。

从此以后，贪王自己也开始像长寿王一样善待人民，不再像从前那样残暴了。

宽容无敌，真正的慈悲不只是爱你所爱的人，还能宽恕、爱护你的仇敌；而如此宽厚的胸襟则来自人我一体、爱人如己的智慧。当别人以恶劣、无理的态度相向时，我们要学习以慈悲去包容，以理智去面对。

宽恕别人首先解救的是自己，它让我们避开嗔火的吞噬，从而在理智的引导下，反求诸己、如法而行；仇恨不但于事无补，反而徒增彼此身心的多重伤害！

但与此同时，有一个问题。宽恕别人，对人宽容是好的，但并不代表着宽容别人就意味着纵容别人。有些时候，你的纵容会使他人越来越嚣张，从而在错误的道路上越走越远。宽容和纵容，一字之差，差的却是一种对原则的把握和处事艺术的拿捏。

可见，掌握宽容的艺术，何其重要啊！

不计前嫌是人生最好的投资

所罗门曾说："不报宿怨乃是人的光荣。"又有一说："憎恨别人就像是为了逮住一只耗子而不惜烧毁你自己的房子。"其实，憎恨是不明智的。因为，一旦你心中有了"恨"，就如同给自己戴上了枷锁，一路拖着你沉入苦海。以报仇报怨为动力的人，即使实现了自己报复的目标，其下场往往也不会很好，自己的人生也会因此而发生重大的转变。

古人古事，脍炙人口。以古为镜，可以净心灵，辨是非，明前途。

唐朝的李靖，曾任隋炀帝的郡丞，他最早发现李渊有图谋天下之意，亲自向隋炀帝检举揭发。李渊灭隋后要杀李靖，李世民反对报复，再三请求保他一命。后来，李靖驰骋疆场，征战不疲，安邦定国，为唐王朝立下赫赫战功。魏征曾鼓动太子建成杀掉李世民，李世民同样不计旧怨，即位之后量才重用，使魏征觉得"喜逢知己之主，竭其力用"，也为唐王朝立下了丰功伟绩。

由此可见，有时候不计前嫌的宽容，其实是对自己一个很好的投资。说也巧，下面这个例子也是发生在唐朝。

相传唐朝宰相陆贽，有职有权时，曾偏听偏信，认为太常博士李吉甫结伙营私，便把他贬到明州做长史。不久，陆贽被罢相，贬到了明州附近的忠州当别驾。后任的宰相明知李、陆有点私怨，便玩弄权术，特意提拔李吉甫为忠州刺史，让他去当陆贽的顶头上司，意在借刀杀人。不想李吉甫不记旧怨，而且"只缘恐传须亲"，上任伊始，便特意与陆贽饮酒结欢，使那位现任宰相借刀杀人之阴谋成了泡影。对此，陆贽深受感动，便积极出点子，协助李吉甫把忠州治理得一天比一天好。李吉甫不搞报复，宽待了别人，也帮助了自己。

当然，谁也不愿意恨来报去，但做到“以和为贵”绝非易事。憎恨有时会令人失去理智，很多时候，人性往往会自然地倾向于它。憎恨之情来得容易，很多时候都会引发仇恨，结下宿怨，如被人诬害、同事犯错连累他人、受人冷言讥讽等等，有人不便即时发作，便暗自把这些事情记在心里，伺机报复。

但是，这种仇恨情绪更是一种内心的煎熬，不但无法损害对方分毫，更会让自己备受折磨，甚至能让人损失掉健康与快乐。那么怎样才能摆脱这种不良情绪的怪圈呢？这就得要你不管在什么情况下，都要本着“得饶人处且饶人”的容人之量。凡事能够忍让一点，想着如果这样，那么日后你要有什么行为差错，对方也不会做得太过分，迫你走向绝境。至于如何才能培养出这种豁达的情操，就得让你的心思意念集中在一些美好的事情上，如对方的优点，你在集体里所奠定的成就等，最难得的是将心比心。

在美历史上，恐怕再没有谁受到的责难、怨恨和陷害比林肯多了。但是根据传记中记载，“从来不以他自己的好恶来批判别人。如果有什么任务待做，他也会想到他的敌人可以做得像别人一样好。如果一个以前曾经羞辱过他的人，或者是对他个人有不敬的人，却是某个位置的最佳人选，林肯还是会让他去担任那个职务，就像他会派他的朋友去做这件事一样……而且，他也从来没有因为某人是他的敌人，或者因为他不喜欢某个人，而解除那个人的职务。”很多被林肯委任而居于高位的人，以前都曾批评或是羞辱过他，比如麦克里兰·爱德华·史丹顿和蔡斯。但林肯相信“没有人会因为他做了什么而被歌颂，或者因为他做了什么或没有做什么而被废除。”因为所有的人都受条件、情况、环境、教育、生活习惯和遗传的影响，使他们成为现在这个样子，将来也永远是这个样子。”

美国《生活》杂志曾经报道了一系列触目惊心的数据，阐述了报复是怎样伤害一个人的健康的：“高血压患者最主要的特征就是容易愤慨，”“愤怒不止的话，长期性的高血压和心脏病就会随之而来。”难怪连耶稣都告诫人们要“爱你的仇人”，看来不只是一种道德上的教训，而且也是在宣扬一种 21 世纪的医学。他是在教导我们怎样避免高血压、心脏病、胃溃疡和许多其他的疾病。

虽说林肯的一番以德报怨绝非是出于对个人健康的考虑，但他这种对仇人特殊的爱不仅没有使他被人嘲笑为软弱可欺，反而得到了更多人的拥戴，包括那些曾经强烈反对过他的对手和敌人。

我们也许不能像圣人那样去爱我们的仇人，可是为了我们自己的健康和快乐，我们至少要原谅他们、忘记他们，这样做实在是很聪明的举动。

人非圣贤，孰能无过？过去的事毕竟过去了，智者总是善于着眼于现在和将来。一味把宿怨记在心上，甚至总是想着如何去报复对方，结果他自己的心将得不到安宁，把快乐永远摒弃于门外。与其这样，还不如用宽容与仁爱去回报仇家，秉持着以和为贵的原则，把自己从仇恨中解放出来，同时也会赢得他人的尊重和敬佩，何乐而不为呢？

总之，如果我们都能够像前人那样有较大的肚量和长远的眼光，以退让、宽容的态度去对待宿怨，以和为贵，就不仅有可能赢得时间、缓和矛盾，更有可能在不经意间为多年后的善报埋下善因，还你一个更为海阔天空的新局面。

用宽宏仁爱打破心中的“围墙”

仁慈的爱心，是世界上最伟大的情感力量，是人类生存和社会发展最基本的精神力量。

以孔子为代表的儒家学说，倡导与人为善，以仁爱为本，“仁”是孔子思想的核心，也是中国伦理学说的根本。今天，作为一个传承着五千年文化的华夏子孙，作为一个崇尚真善美的人，应当常温孔子之教诲，弘扬和践行仁爱之理念，让爱之幸福惠及天下。

一颗宽宏的仁爱之心，是一种宽容、坦直、诚恳、忠厚的精神，是一种爱人的精神，是一宗最丰厚的财产。百万富翁的财产，与这比起来，简直不足挂齿。怀着这种好心情、好精神的人，哪怕没有一文钱，但是他所怀有的仁爱之心、容人之量，能融化人的孤独感和隔离感，打破人们心中的“围墙”，人生就会因此变得富有、幸福，就会步入成功的巅峰。

高尔基说：“谁要是不会爱，谁就不能理解生活。”为人处事，应该仔细倾听他人的想法；要学会多欣赏他人的长处，少计较他人的短处；时时伸出手帮助别人，去感受助人的那种快乐。尊敬他人的最佳方法，就是献出你真诚的爱心，仁爱待人的人，同样会受到别人的尊敬和真心回报。

有一个盲人在夜里走路时，手里总提着一个明亮的灯笼。别人看了很好奇，就问他：“你自己看不见，为什么还要提灯笼走路？”

那盲人满心欢喜地说：“这个道理很简单，我提灯笼不是给自己照路，而是给别人提供光明，帮助别人的，如此一来，别人也容易看到我，不会误撞到我，这样就可以保护自己的安全，既帮助了别人，也等于帮助了自己。”

在漫漫人生路上，你是否也会觉得自己的道路崎岖？如果那样，你不妨也学学这位盲人，只要你心中长明一盏温暖的灯，就会照亮你暗淡的人生路，付出的最终结果就会是无偿地索取。

世界著名的精神医学家亚弗烈德·阿德勒曾经发表过一篇令人惊奇的研究报告。他常对那些孤独者和忧郁病患者说：“只要你按照我这个处方做，14 天内你的孤独忧郁症一定可以痊愈。这个处方是：每天想想，怎样才能使别人快乐，让别人感到人世间的爱心力量？”

有一个 50 岁的女人，丈夫去世不久，儿子又坠机身亡，她被悲痛和自怜的感情所包围，久而久之得了忧郁症，甚至产生了自杀的念头。好心的邻居带她去找亚弗烈德·阿德勒。亚弗烈德·阿德勒问清病情后劝她去做一些能使别人快乐的事情。50 岁的她能做些什么呢？她过去喜欢养花，自从丈夫和儿子去世后，花园都荒芜了。她听了亚弗烈德·阿德勒的劝告后，开始整修花园，施肥灌水，撒下花种，很快就开出了鲜艳的花朵。从此，她每隔几天都将亲手栽培的鲜花送给附近医院里的病人。她给医院里的人送去了温馨，换来了一声声“谢谢您！”这美好的“谢谢您”轻柔地流进她的心田，治愈了她的忧郁症。她还经常收到病愈者寄来的贺卡、感谢信，这些贺卡和信帮助她消除了孤独感，使她重新品尝到了人生的喜悦。

可见，以仁爱之心待人，就会唤起人类最美好的情感，与此同时，你的幸福感也会油然而生。你在送别人一束玫瑰的时候，自己手上也留下了最持久的芳馥。带着爱，一切将如愿以偿。

不要轻易苛责于人

严于律己，可以不断提高自己的修养水平；宽以待人，则不但可以赢得别人的尊敬和友谊，还能与人为善，不会埋下隐患。凡事多为别人设身处地的想一想，不轻易对那些犯了错误的人刻薄责备，而是使对方知错而改即可，这不失为一种为人处世的大智慧。

汉代有个丞相叫邴吉，为他驾车的小吏喜欢饮酒，有一次他随邴吉外出，竟然醉得吐在邴吉的车上。邴吉属下的主吏报告说，应该把这种人撵走。邴吉听后却说："如果以喝醉酒的过失就把他撵走，那么让这样的人到何处安身？我们暂且容忍他这一次过失吧，毕竟只是把车上的垫子弄脏了而已。"

这位驾车小吏来自边疆，对边塞紧急情况下的报警事务比较熟悉。有一天他外出，正好遇见驿站的骑兵手持红白两色的袋子飞驰而来，便知道是边郡报警的公文到了。到了城中，这个驾车小吏就尾随着驿站骑兵到公车署(汉代京都负责接待臣民上书、征召和边郡使者入朝的机构)打探详情，了解到敌虏入侵云中、代郡两地，急忙回来求见邴吉，向他报告了有关情况，并且说："恐怕敌虏所要入侵地区的地方官员因年迈病弱、反应不灵，不能胜任军事行动了。建议您预先了解一下有关官吏的档案材料，以备皇上询问。"邴吉认为他讲得很有道理，就让管档案的官吏把有关材料详细报来。

果然，皇上紧急召见丞相和御史，询问敌虏入侵地区的主管官员的情况。御史大夫陡然之间不知详情，无以应对，因此受到皇上的斥责。而邴吉准备充分，他的回答令皇上非常满意，从而得到皇上的赞扬和奖赏。

可以看出，正是因为邴吉的心胸与肚量，他对小吏的宽容而赢得了手下的尊重，这是一种感化人心的力量，是小吏感恩的行为，也是邴吉宽容他人而自己受益的结果。

容忍他人小的过失，他人将尽其所能加以回报；而责备只会让人徒增怨恨，甚至耿耿于怀、怀恨于心。被宽容者往往把感恩之情压在心底，一旦有机会能让其发挥长处时，他必定会竭尽所能地报答。由此看来，那些刻意寻求他人过错、动辄对人大声责骂的人，岂不是太愚蠢了吗？

责己厚，则进德修业快；责人薄，则人易从，且不会招来怨恨。责己、责人互相关联。重视责己的人，对人不会过严；责人太严的人，往往不重视责己。当然，不“薄责于人”不仅是为了“远怨”，还可以把有限的精力用在提高自己的修养上。在《论语·宪问》中有这样的记录，“子贡方人。子曰：赐也贤乎哉？夫我则不暇。”意思是：有一次，孔子的学生子贡在孔子面前评论别人的短长。孔子听后很不高兴，教训子贡说：“你自身就足够完美吗？我是没有议论别人是非的闲工夫的。”

总而言之，如果能把苛责别人、攻人之恶的话咽到肚子里，那么你将得到意想不到的收获。

第三章
虚怀若谷，在谦虚低调中丰富自己

做人最优秀的品质就是谦虚，谦虚是一种内涵，谦虚是一种包容。不骄不躁、不矜不伐、辞尊居卑、功成不居、功薄蝉翼、虚怀若谷…….在中华字典上表达谦虚之意的成语俯拾皆是。然而生活中这样的人却很稀缺。很多人常常在艰难时很谦和虚心，而在功成名就后就会变得趾高气扬，不仅再难进步，还往往因为自以为是而摔得鼻青脸肿。就此而论可以说，战胜失败难，承受胜利更难。只有常怀谦虚心，才能经得起失败的考验，又经得起胜利的考验。谦虚谨慎者往往能顾全大局，在取得初步成功后继续向着新的目标前进。只有不重自身，不骄矜傲物，懂得适时合度地谦虚退让，才能赢得正直者的尊重，避免狭隘好妒者的嫉恨。

谦虚是一种情操与修养

真正善于搏击的武士，凭借的是智慧与武力的完美结合，而不只是一身蛮力；真正懂得打仗的将领，凭借的是冷静、沉着，而不是冲动暴躁；常战胜敌人者，往往不战则能屈人之兵；善于运用别人优点的人，对待别人都很谦恭，尊重对方。

谦恭有度，讲的是君子的情操和待人接物的态度。君子待人要谦虚，对待长辈更要谦恭有礼，但也不可谦虚过度，过谦则使人感觉虚伪狡诈。只有虚怀若谷的态度，才能给人真诚的印象，人们也才会对谦虚者抱以尊敬。谦虚是高尚者的情操，修养深厚的表现，圣人君子的操守。

一个人如果太骄傲、太自满，物极必反、盛极而衰，最终灾祸临头悔之晚矣；反之，如果太谦虚、太礼让，矫揉造作、虚伪狡诈，也会给人留下华而不实的印象，而这就是过犹不及的道理。因此，谦让也要有度，要恰到好处。

一位满腹经纶的学者为了了解人生的奥妙，不远千里去拜访一位作家。作家在桌上准备了两只斟满茶水的杯子，然后坐下，开始讲解人生的意义。

这位学者听着听着，觉得其中某些话似曾相识，好像也不是什么高深的理论。于是，认为这位作家不过是浪得虚名而已。

这位学者越想越觉得心浮气躁，坐立不安，不但在作家的讲道中不停地插话，甚至轻蔑地说："哦，这个我早就知道了。"

然而，作家并没有出言指责学者的不逊，他只是停了下来，拿起茶壶再次替这位学者斟茶，尽管茶杯里的茶还剩下八分满，作家却没有把杯子里的茶倒出，只是不断地在茶杯中注入温热的茶水，直到茶水不停地从杯中溢出，流得满地都是。

这位学者见状，连忙提醒作家："别倒了，装不下了。"

作家听学者这么说，于是放下茶壶，不愠不火地说："是啊！如果你不先把原来的茶杯倒干净，又怎么能品尝我现在倒给你的茶呢?"

古往今来，那些骄傲自满、执拗固执的人往往与成功无缘。凡是能够建功立业成就功勋的全都是谦虚圆融之人。文王谦虚，渭河之滨访太公，最终成就了周朝800年的基业；刘备谦虚，三顾茅庐请卧龙，最终三分天下一分归刘。

谦虚的人懂得怎样尊敬别人，包容别人。山谷因为胸怀空阔而罗纳万物，万物生长其间，不受排斥，不受拘束，自由生长，得到了长久的来自于山谷的给养和尊重。同时，山谷间的万物也装饰和点缀了山谷，使山谷变得郁郁葱葱，生机勃发。所谓谦虚礼让，敬人敬己就是这个道理。做人的大忌就是得意忘形。纵观历史，凡得意忘形者，必没有好下场。

三国中曹操败走华容道，虽然是败军之将，却仍对诸葛亮的军事才能百般嘲笑，结果全都落入孔明套中，这时才羞惭万分，要不是关羽为报答恩情放他一马，恐怕曹操要死于赤壁的硝烟之中。又如汉武帝刚刚即位的时候，其舅父田蚡掌握大权，不把朝臣放在眼中，忘乎所以，最后连武帝也难以容忍，落了一个疯癫的下场。

很多时候，人们冲破了艰难险阻，经历了千辛万苦，终于把黑暗踩在脚下，迎来了光明的曙光，但最终却因为得意忘形，又重新跌入黑暗的深渊。得意忘形会使人丧失最起码的谦虚，更会使人头脑发热，做事情没有逻辑，只凭自己一时的感觉。

得意忘形是摧毁心智的一把利器。纵然是那些曾经叱咤风云的人物，若是得意忘形了，也会遭遇不好的下场。正如俗语所说："得意者终必失意。”人生在世，无论什么时候都要低调内敛，学会谦虚。只有具备谦虚的胸怀，才能有海纳百川的吞吐之势。得意忘形就像海上的风浪，即使风浪滔天，但在风平浪静之后，大海仍要复归沉静。

锋芒毕露是成大事的最大障碍

中国有很多名言警句告诉我们，为人处事不要锋芒太露。例如，“出头的椽子先烂”、“木秀于林风必摧之”、“枪打出头鸟”等。保护我们自己的最好的办法就是：与多数人保持一致，否则，你就会遭遇到危险。

锋芒是刀剑等的尖端，引申为人的才干显露在外表。在生活中，寒光森森的锐器往往会使人感到威胁和震慑，一个人的才智过高，在人与人的交往中也会使人产生出一种距离感，或产生回避、逃遁的心理意识，甚至成为你的阻力，成为你的破坏者。因为人从根本上讲是趋弱去强的，所以当人处在少壮年轻的时候，如果锋芒太露，就会丧失掉一些机会和朋友，就会延长成功的距离。等到你明白这种道理时，已经事过境迁，悔之晚矣。这正应了“万事古难全”、“盈则损，直则折”的古话。

汉代贾谊以诵诗通经在郡中非常出名。吴廷尉做河南太守的时候，听说他的锦绣文采，召至门下，甚是喜欢。汉文帝初立，听说河南太守吴公政绩为天下第一，而且此人原来与李斯同邑，曾从师李斯，于是征召他为廷尉。廷尉就趁机推荐贾谊年少有为，又博闻强识，通晓诸子百家的学问，文帝召用他做了博士。

这时贾谊才 20 刚出头，在众大臣中年龄最小。每次皇帝召集大臣议事，一些老先生不知道怎么表达的话语，贾谊都耐心地帮他们把话讲出来。诸生都认为能力不及贾谊。汉文帝因此非常喜欢他，便越级提拔，一年之内就做到了太中大夫。

贾谊认为，汉朝立朝已二十多年，已达到天下大治，因而当改正朔，易服色，法制度，定官名，兴礼乐。他还自作主张，草撰了新的仪规法礼，认为汉代的颜色以黄为上，黄即土色，土在五行位第五，故数应用五。还自行设定官名，把由秦传下来的法律全部废除了，换成新的制度，虽然汉文帝刚即位，不敢一下子都按贾谊的意见去办，但却以为贾谊可以担任公卿。大臣周勃、灌婴、东阳侯张相如、御史大夫冯敬等贵族都因此而嫉恨贾谊，常常在文帝面前说贾谊的不是："年少初学，专欲擅权，纷乱诸事。"于是文帝不再重用亲近他，不再采纳他的建议，就让贾谊去做了长沙王的陪读太傅。过了一年多，文帝召见贾谊，与贾谊长谈至夜半，但是"不问苍生问鬼神"，贾谊不能自陈政见。后又让贾谊当梁怀王太傅，梁怀王是文帝非常疼爱的小儿子，而且喜欢读书，

文帝后来封淮南厉王的儿子四人皆为列侯。贾谊数上疏谏，以为祸患从此起矣。说诸侯封地有的大到覆盖数个郡县，不是古代的制度，可以稍稍减少一点，文帝不听，过了几年，梁怀王学骑，坠马而死。贾谊痛恨自己没有尽到老师的责任，又政治主张得不到实施，心怀抑郁，哭泣岁余，也溘然长逝，年仅33岁。如此才学，半路而折，实在令人惋惜。

《老子·洪德》说："大巧若拙，大辩若讷。"意思是，最聪明的人、真正有本事的人，虽然满腹才华，但他们平时像个傻子，不自作聪明；虽然能言善辩，但好像不会讲话一样。而年少才子贾谊虽然学富五车，才高八斗，聪慧能干，得到皇帝的赏识。但是，贾谊毕竟太年轻，他锋芒毕露，不懂得自我保护，看不到身边的危险，致使自己力尽而寡助，落得少年悲哀。今天的人学习历史，就是从中吸取教训，得到一些受益终身的处世法则。藏锋露拙，谨小慎微乃是千百年来历史用无数事实昭示的明哲保身之道。

弯腰有时也是一种追求

在很多人看来，弯腰也许意味着一种安于平淡，没有什么追求的生活态度。这样的生活态度是绝对不会取得成功的。其实，适度地弯腰，学会低调做人，并不意味着没有理想和追求。有道是“弓越弯才能射得越远”。

事实上，低调处世，无疑会使人们在向自己目标靠近的路上减少很多不必要的麻烦。真正成功的人，当他保持低调的平淡时，也肯定不同于一般庸碌之人的平庸，而是由此达到别人所不能达到的巅峰。

东晋政治家、军事家谢安，出身名门望族，其祖父谢衡以儒学而名满天下，官至国子祭酒。其父亲谢裒，官至太常卿。

谢安少年时就很有名气，东晋初年的不少名士，如王导、桓彝等人，都很器重他。谢安思想敏锐深刻，风度优雅，举止沉着镇定，而且能写一手漂亮的行书。谢安从不想凭借出身和名望获得高官厚禄。朝廷先征召他入司徒府，接着又任命他为佐著作郎，都被他以身体上有疾病给推辞掉了。后来，谢安干脆隐居到会稽的东山，与王羲之、支道林、许询等人游玩于山水之间而不愿做官。当时的扬州刺史庾冰仰慕谢安，好几次命郡县官吏催逼，谢安不得已，勉强应召。只过了一个多月，他又辞职回到了会稽。后来，朝廷又曾多次征召，他仍一一回绝。这引起了很多大臣的不满，纷纷上书要求永远不让谢安做官，朝廷考虑了各方面的利害关系后，一直没有答应。

谢安还有个弟弟叫谢万，也很有才气，仕途通达，颇有名气，只是气度不如谢安，经常自我炫耀。公元358年，谢安的哥哥谢奕去世，谢万被任命为西中郎将，监管青、豫、冀、并四州诸军事，兼任豫州刺史。然而，谢万却不善统兵作战，受命北征时仍然只知自命清高，不知抚慰部将。谢安对弟弟的做法很是忧虑，对他说：“你身为元帅，应该经常和各个将领交交心，听听下面的心声，解决他们的疾苦，获得他们的拥护与支持。像你这样傲慢，怎么能够做大事呢？”谢万听了哥哥的话，召集了诸将，可是平时滔滔不绝的谢万竟连一句话都讲不出来，最后干脆用手中的铁如意指着在座的将领说：“诸将都是厉害的兵。”这样傲慢的话不仅没有起到抚慰将领的作用，反而使他们更加怨恨。谢安没有办法，只好代替谢万，亲自拜访诸位将领，加以抚慰，请他们尽力协助谢万，但这并未能挽救谢万失败的命运，损兵折将的谢万不久就被贬为庶人。

谢奕病死，谢万被废，使谢氏家族的权势受到了很大威胁，终于迫使谢安进入仕途。360 年，征西大将军桓温邀请谢安担任自己帐下的司马，他接受了。这件事引起了朝野轰动，还有人嘲讽他此前不愿做官的本意，而谢安毫不介意。桓温却十分兴奋，一次谢安去他家做客。告辞后，桓温竟然自豪地对手下人说：“你们以前见过我有这样的客人吗？”

咸安二年(372 年)，简文帝即位不到一年就死去，太子司马曜即位，是为孝武帝。桓温原以为简文帝会把皇位传给自己，结果大失所望，便以进京祭奠简文帝为由，率军来到建康城外，准备杀大臣以立威。他在新亭预先埋伏下兵士，下令召见谢安和王坦之。王坦之非常害怕，问谢安怎么办，谢安却神情坦然地说：“晋的存亡，就在此次一行了。”王坦之只好硬着头皮与谢安一起去。他们出城来到桓温营帐，王坦之十分紧张，汗流浃背，把衣衫都沾湿了，手中的笏板也拿倒了。而谢安却从容不迫，就座后神情自若地对桓温说：“我听说有道的诸侯只是设守卫在四方，您又何必在幕后埋伏士兵呢？”桓温听后很是尴尬，只好下令撤除了埋伏。由于谢安的机智和镇定，桓温始终没敢对二人下手，不久就退回了姑孰，这场迫在眉睫的危机被谢安从容化解了。

383 年，前秦苻坚率军南下，想要吞灭东晋，一统天下。建康城里一片恐慌，谢安还是那样镇定自若，以征讨大都督的身份负责军事。桓冲担心建康城的安危，派三千精锐兵马前来协助保卫京师，被谢安拒绝了。谢玄也心中忐忑，临行前向谢安询问对策，谢安只答了一句：“我已经安排好了。”便绝口不谈军事。

淝水之战后，当晋军大败前秦的捷报送到谢安手中时，他正与客人下棋。他看完捷报，随手放在座位旁，不动声色地继续下棋。客人忍不住问他，他只是淡淡地说：“没什么，已经打败敌人了。”直到下完了棋，客人告辞后，谢安才抑制不住心中的喜悦，进入内室，手舞足蹈起来，甚至把木屐底上的屐齿都弄断了。

谢安的低调，并不能说他没有自己的追求，而是为了达到长远目标的一种有效手段。这种低调的态度为他赢得了很多人的尊敬与拥护，这对于他能登上高位很有帮助。其实，在现实生活中也是如此，采取高调张扬的态度，只能得到一些眼前的好处，而低调的长远经营，才能得到意想不到的巨大收获。

低头，能让你站得更稳

谦虚不仅是一种美德，更是一种人生的智慧。你可能也会有这样一种体会。越是谦逊的人，你越是喜欢找出他的优点；越是以为自己了不起，孤傲自大的人，你越会瞧不起他，越喜欢找出他的缺点，这就是谦逊的效能。

因此，在平时，你要谦逊地对待别人，这样才能博得他人的支持，为你的事业奠定基础。当你以谦逊的态度来表达自己的观点或做事时，不但能减少一些冲突，还容易被他人接受。即使发现自己有错时，也很少会出现难堪的局面。

富兰克林年轻的时候就已才华横溢，但同时他也年轻气盛、骄傲轻狂。对此，他浑然不知。

一天，富兰克林去拜访一位老前辈。当他昂首阔步走进门的时候，头被门框狠狠地撞了一下，奇痛无比。出门迎接的前辈看着他这副样子，笑笑说："很痛吧！可是，这将是你今天来访问我的最大收获。一个人要想平安无事地活在世上，就必须时时刻刻记住低头，这也是我要教给你的事情。"

富兰克林猛然醒悟，也发觉了自己许多失败和挫折的真正原因。从此，"时刻不忘低头"成为富兰克林的生活准则之一，他改掉了骄傲的毛病，决心做一个谦逊的人。也正是因为具有了这一美德，他得到了人们的广泛支持，在事业上取得了巨大成功，成为美国开国元勋之一。

如果你想要在事业上一展才华，那么你要记住时机没有成熟之前，千万别锋芒太露。仔细看看周围的同事，他们毫无棱角，行动亦然，个个深藏不露，好像都是庸才，谁知他们的才能，颇有位于你上者；好像个个都很讷言，谁知其中颇有善辩者；好像个个都胸无大志，谁知其中颇有雄才大略而愿久居人下者。但是，他们却不肯在言语上露锋芒，在行动上露锋芒，这是出于什么原因考虑的呢？

因为他们知道：若言语带锋，便会得罪人，而被得罪了的人便会成为自己的阻力，成为自己的破坏者；行动带锋，便会惹旁人的妒忌，旁人妒忌也会成为自己的阻力，便也成为自己的破坏者。如果四周都是自己的阻力或破坏者，那么，在这种情形下，自己的立足点就没有了，如何还能实现自己的目的？

柯金斯在担任福特汽车公司经理时，有一天晚上，因为公司有十分紧急的事，要发通告信给所有的营业处，所以需要全体职工协助完成。当柯金斯安排一个做书记员的下属去帮助套信封时，那个年轻职员却傲慢地说："那种任务有碍我的身份，我不干！我的工作职责不是套信封。"

听了这话，柯金斯一下子就愤怒了，但他仍平静地说："既然做这件事是对你的侮辱，那就请你另谋高就吧！"于是，那个青年一怒之下就离开了福特公司。但是，因为他仍听不进别人的话，所以跑了很多地方，换了好几份工作都觉得很不满意。他终于认识到了自己的过错，于是他又找到柯金斯，诚挚地说："我在外面经历了许多事情，经历得越多，越觉得我那天的行为错了。因此，我想回到这里工作，您还肯聘用我吗？""当然可以。"柯金斯说，"因为你现在已经能够听取别人的建议了。"

再次进入福特公司后，那个青年变成了一个很谦逊的人，不再因取得成绩而骄傲自满，并且经常虚心地向别人请教问题。最后，他成了一个很有名的大富翁。

只有那些浅薄的、自以为是的人才会骄傲。越是有涵养、稳重的成功人士，态度越谦逊。美国石油大王洛克菲勒曾说过“当我从事的石油事业蒸蒸日上时，我晚上睡觉前总会拍拍自己的额头说：‘如今你的成就还是微乎其微。以后路途仍多险阻，若稍一失足，就会前功尽弃，勿让自满的意念侵蚀你的脑袋，当心！当心！’”这就是告诫人们要谦虚，尤其是稍有成就时更应格外小心，不要忘本。

在现实生活中，我们既要有往高处走的心态，又要有水往低处流的胸怀。或许把头低下，我们的心才会低成一口深井，泛出幸福的泉水：清冽，甘甜，沁人心脾。

人们常说，为人处世不可有傲气，但不能没有傲骨。人在困难面前不能低头，但也不能总是高扬头颅，眼睛向上，藐视一切。现代年轻人善于张扬个性，率意而为，甚至硬往前撞。这固然表明一个人的勇气和自信，但最终的结果恐怕是到处碰壁。等到涉世渐深之后，逐步走向成熟，便会开始明白轻重，分清主次，学会内敛，并且能够做到少出风头、不争闲气、专心做事，也只有这样才能具备成功者所必须具备的度量。

露锋芒于外，伤己身于内

“露锋芒于外，伤己身于内”是一种中庸式低调做人的哲学，人生短暂，世事无常，现在的生活环境虽然还不至于处处充满机巧、狡诈、欺骗、逞能、阴谋和斗争，但是在人生的旅途中，必定会有得意日，有失意日，有成功日，有失败日，所以，必须学会收敛一些，放低姿态，放下架子，不要把自己弄得躁动不安，沉沉浮浮。只有这样才能在日后以最佳姿态立足于社会，才能更好地保护自己。

白居易有一位德高望众、知识渊博的好朋友。有一次，他去拜访这位好朋友，却见朋友在鹊巢边做诗，于是他站在树下仰着头对朋友说：“你这样坐在树上实在是太危险了，赶快下来吧！”朋友笑了笑说：“我的处境一点都不危险，只要我小心，就一定不会掉下去的；相反，你的处境才是最危险的！即使你尽量避免，有的时候你却是避不过的，真正要小心的不是我，而是你自己。”白居易听了一头雾水：“我现在是当朝重要的官员，我的生活十分太平，哪儿来的什么危险啊？”朋友说：“薪火相交，难道还不够危险吗？官场如战场，众人从无一心，你来我往，危险就在眼前！当你施展自己的才华时，也同样埋下了危机的种子。”

白居易想了想，觉得朋友的话也不无道理。于是问道：“那我该怎么做呢？”朋友回答道：“不要做一件坏事，不要不做一件好事！凡事保持低调，切不可露锋芒于外，适当地掩饰你的才华。”

白居易听了朋友的解说却感到很失望，他说：“我还以为是你有什么高深的见解呢，还是这一套，这么简单的道理我也知道，哪里还用得着你来教。”朋友笑了笑说：“是啊！道理是很简单，可关键是做起来难。人的欲望有时候连自己都控制不了。世人皆为功名利禄，即使身处险境也执迷不悟。这么简单的道理，又有几个人能真正做到呢？如果每个人都视名利如粪土，都只做好事而不做坏事，那么这个世界上就不会处处是险境，也不会再有邪恶的存在，人们也一定是快乐祥和的。”

在现在社会中要懂得“察言观色”，尤其是作为一个有才华的人。因为你如果不露锋芒，可能永远得不到重任；但是你锋芒太露，却又易招人陷害。这样虽然暂时取得了成功，却也为自己掘好了坟墓。所以才华显露要适可而止。这是一门高深的学问，只有真正领悟到这其中的内含，才能取得真正的成功。

我们在处世时，应当懂得，对已获得的荣耀，千万不要过分张扬，要收好锋芒。不要独享荣耀，不要威胁到别人的现实地位和利益，不要侵占别人的生存空间。如果你习惯独享荣耀，那么总有一天你会自讨苦吃，独吞苦果。

在春秋战国时期，有一次郑庄公为了挑选先行官，宣布要在国都组织一场比赛。

众将一听认为立功的机会来了，都跃跃欲试，准备大显身手。郑庄公规定众将要先进行击剑格斗，参赛的人都使出了浑身本领，争先恐后。经过轮番比试，选出了6个人来，参加下一轮的射箭比赛。此项比赛规定，取胜的6名将领各射3箭，以射中靶心者为胜。

比赛开始后，前四位有的射中靶边，有的射中靶心。到第5位上来射箭的是公孙子都。他武艺高强，年轻气盛，向来不把别人放在眼里。他连射3箭都正中靶心。然后昂着头，轻蔑地瞟了最后那位射手一眼，退了下去。

最后那位射手是个老人，他叫颖考叔。他曾因劝庄公与母亲和解而立有大功。颖考叔上前，也是3箭连中靶心，与公孙子都打了个平手。只剩下两个人了，庄公就派人拉出一辆战车来，并说：“你们二人站在百步开外，同时来抢这部战车。谁抢到手，谁就是先行官。”公孙子都根本不把颖考叔放在眼里，可哪知跑了一半时，公孙子都却脚下一滑，跌了个跟头。等爬起来时，颖考叔已抢车在手。

公孙子都那么不可一世，哪里会服气自己输给一个老者，于是他提了长戟就来夺车。颖考叔一看，拉起来车飞步跑去，庄公忙派人阻止，并宣布颖考叔为先行官。

公孙子都从此以后就对颖考叔怀恨在心。而颖考叔当上先行官后也不负庄公之望，在进攻许国都城时，手举大旗率先从云梯上冲上许都城头。眼见颖考叔就要大功告成，公孙子都嫉妒得双眼发红，竟趁颖考叔不备之时，抽出箭来，从后面把他一箭射死。

这是多么不可取的做法啊，公孙子都的败就败在他可怕的自负上。

俗话说：花要半开，酒要半醉。凡是鲜花盛开娇艳的时候，不是立即被人采摘而去，就是衰败的开始。人生也是这样。当你志得意满时，要切记不可锋芒太露，这样易遭嫉恨，更容易树敌。颖考叔的死就是因为他不知道糊涂保身，锋芒太露的缘故。因此，无论你有怎样出众的才智，但一定要谨记：收敛起你的锋芒，掩饰起你的才华。只有这样才能有效地保护自我，也可以使自己的才华得到充分地发挥。

河流越深越无声

“满招损，谦受益”。这是我国的一句至理名言。谦虚谨慎，犹如未满之月，日臻充盈，而骄傲自满则如满桶之水不断流失。古今中外，凡成大事者，莫不是虚怀若谷之士，而败事者常为骄傲自大之徒。

有个博士被分到一家研究所工作，成为了这个所里学历最高的人。有一天他到单位后面的小池塘去钓鱼，正好正副所长在他的一左一右，也在钓鱼。

“听说他们两个也就是本科生学历，有啥好聊的呢？”这么想着，他只是朝两人微微点了点头。

不一会儿，正所长放下钓竿，伸伸懒腰，蹭蹭蹭从水面上像飞似地跑到对面上厕所去了。

那博士的眼睛瞪得都快掉下来了。“水上飘？不会吧？这可是一个池塘啊！”

正所长上完厕所回来的时候，同样也是蹭蹭蹭地从水上飘回来了。

“这是怎么回事？”博士生刚才没跟他打招呼，现在又不好意思去问，自己可是博士生啊！

过了一会儿，副所长也站起来，他走了几步，也迈步蹭蹭蹭地飘过水面上厕所了。

这下子博士更是差点昏倒：“不会吧，到了一个江湖高手集中的地方？”

又过了一段时间，博士生也内急了。但是这个池塘的两边有围墙，要到对面厕所还得绕十分钟的路，而回单位上又太远，怎么办？

博士生很不情愿去问两位所长，憋了半天，他也想学他们往水里跳，心想："我就不信本科生学历的人能过的水面，我博士生不能过！"

只听"扑咚"一声，博士生栽到了水里。

正副所长赶紧将他从水里拉了出来，问他为什么要下水，他反问道："为什么你们可以走过去呢？而我就掉水里了呢？"

正副所长相视一笑，正所长说："这池塘里有两排木桩子，由于这两天下雨涨水，桩子正好在水面下。我们都知道这木桩的位置，所以可以踩着桩子过去。你不了解情况，怎么也不问一声呢？"

"谦虚使人进步，骄傲使人落后"这是一个人成功的法则。学习上谦虚才能不断更新自己的知识和能力，学到别人的经验和长处；为人上谦虚才能受到别人的尊重和赞扬。如果一个人表现得很骄傲，那么思想上就会满足现状、固步不前，学习上可能得不到别人的支持和帮助，人际关系上有可能得不到别人的尊重，甚至会使自己处于孤立状态。

谦虚的人往往是本身就具有高素质的博学多才之士，这些人在各方面都具有很高的悟性和境界，能够在各方面严格要求自己。他们就像人们都常看到的那些成熟的、饱满的果实，总是谦虚地低着头。谦虚的人总是以尊敬他人为荣，不论是在称呼上还是其他方面都表现得儒雅、谦恭、彬彬有礼。对于自己的成绩，能够做到客观对待，从不沾沾自喜，能够将成绩看成历史，一切再从零开始，默默地奋斗。谦虚的人不会故意贬低自己，不会虚伪地阿谀奉承，只会自然地表明自己的态度。在与他人交往中，他会换位思考，会先想到别人，后想到自己。谦虚的人往往是顾全大局的人，心胸宽广的人，大度的人，不自私自利的人。

就像我们敬爱的周总理一样，他为人谦虚，直到现在还是有口皆碑。对于谦虚，他说："自以为聪明的人，往往是没有好下场的，世界上最聪明的人是谦虚的人，因为只有谦虚的人才经得起事实和历史的考验"。有同志热情向他建议："总理，您给我们写一本书吧！"可他的回答是："如果我写书，就写我一生中的错误，让活着的人们从过去的错误中吸取教训。”谦虚的人就是这样让人尊敬。

谦虚往往可以使你永远把自己置于学习的地位，发现他人的优点，学习他人的长处。但是，谦虚决不是通常意义的客套与虚伪，而是实实在在所拥有的学习和进取的精神。谦虚的人具有丰富的头脑，所以，对世界的人和事物看得比较透彻，处理问题胸有成竹。谦虚的人做人坦坦荡荡，不急不躁，具有高瞻远瞩的魄力，具有放眼世界的胸怀，以天下为己任。

其实，人和人没有本质上的区别，就像一句谚语中说的那样：“光滑的瓷器来自泥土，一旦破碎就归于泥土。”再高的学历也只代表过去，而只有学习才能代表将来。尊重比自己有经验的人，才能少走弯路。

一个具有谦虚品质的人，永远不会随处张扬和标榜自己。就像河中的水，表面上的，一有风吹就会掀起浪来，而且哗哗地响着；而河水的深处，不管水面刮再大的风，都能静静地保持沉默。

在阿道夫·贝耶尔10岁生日那一天，他原以为爸爸妈妈会像其他小朋友的父母那样，为他热热闹闹地庆祝一番。可是这一天，母亲一大早就把他领到外婆家里，在那里消磨了一整天，根本没有提过生日的事。贝耶尔很不高兴，在回家的路上，一直嘟着嘴不说话，母亲见了，语重心长地说：“我生你的时候你爸爸41岁，还是个大老粗。现在他51岁了，可还跟你一样，正在努力读书，明天还要参加考试。我不愿意因为你的生日而耽误他的学习，时间对他来说实在太宝贵了，你现在还小，也要学会珍惜时间。”

母亲的话语，如雨露一般，点点滴滴滋润着贝耶尔幼小的心田。后来他回忆道：“这是母亲送给我10岁生日的最丰厚的礼品。”贝耶尔在大学读书时，有机化学家贾拉古教授的名字传遍了德国。不过，那时这位教授还很年轻。一些科学界元老总是提出这样那样的问题刁难他。有一天，贝耶尔和父亲在一起闲谈，提起了贾拉古教授。贝耶尔说：“贾拉古只比我大6岁……”言外之意是这个人并没有什么了不起。父亲听了很不满意，他对贝耶尔说：“大6岁怎么样，难道就不值得你学习吗？我读地质学时，老师的年龄比我小 30 岁的都有，我一样恭恭敬敬地称他们为老师，认认真真地听他们讲课。你一定要记住，年龄和知识不一定成正比。不管是谁，只要他有学问，就应该虚心向他学习。”

谦虚的态度决定一切。在学习时，是否会在不知不觉中遇到一些障碍？这时一些人就产生自以为是的情绪，自以为满的态度，从不去请教比自己有能力的人。其实放下自己的架子，去问一下身边的人，也许你会得到一个很好的答案。

我们懂得一切都没有什么了不起，永远不要好为人师。只有时时学习别人身上的优点，感受“空杯理念”，才能学到更多的知识。

谦逊是最高贵的情感

无论到什么时候，永远不要以为自己已经知道了一切。不管人们把你评价得多么高，你永远要有勇气对自己说：我是个毫无所知的人。

谦虚是上帝送给人们的净身之水。浩瀚星空，灿烂宇宙，人如此卑微，又怎么敢不向如此多的自然规律低头？茫茫人海，众杰生辉，当今的，既往的，将来的，物理的，化学的，心理的，传播的，怎能不使人自惭形秽？

谦逊不仅是一种装饰品，也是美德的护卫。

杰斐逊是美国第三任总统，1785年他曾经担任美国驻法大使。一天，他去拜见法国部长，法国部长问："杰斐逊先生，你代替了富兰克林先生？"杰斐逊谦逊地回答："我是接替他，富兰克林先生是没有人能够'代替'的。"

部长有些不明白，说道："在我看来，您和他都是美国建国时期的伟大人物。著名的《独立宣言》就是由您执笔，经富兰克林先生修改而成的。你们两个人双峰并峙，交相辉映，互相尊重，亲密合作，地位是完全平等的。"

杰斐逊又回答说："不，我代替不了他。富兰克林先生除在思想、政治领域之外，在众多的其他领域也都取得了巨大的成就。从这个意义上说，确实没有人能够真正'代替'得了他。"

杰斐逊的谦逊给法国部长及世人留下了深刻的印象。

人们所尊敬的是那些谦逊的人，而决不会是那些爱慕虚荣和自夸的人，如果一个人喜欢自大自夸，看不起他人的工作，就会失去自己的功劳。

谦逊的人必爱好劳动，且具备坚定顽强的意志。因为脑力劳动是一种非常实际、清醒、而认真的劳动，这会使人变得更加谦逊。谦逊好比天平，人们可以通过它测出自己的分量。

不要对别人的错误耿耿于怀，不要对别人的缺点斤斤计较。只有将思维的触角绕开自己，眼光放长远，才能更健康、更顺利地走好每一步。如果每前进一小步都要洋洋自得半天，那么，这种短暂的满足最后只能通向失败的深渊。

谦逊是发自内心的，所以才会态度自然。谦逊是对宇宙以及社会规则之后的一种自知。自知的人，为人必谦恭；自知的人，做事情必尽力。自知的人，能够做到以己度人；自知的人，会努力填补自身不足，负重前行。

一位丹青爱好者经历长途跋涉来到法门寺，向住持释圆和尚诉说："我一心一意要学丹青，可至今没有找到一个满意的师傅，许多人都是徒有虚名，有的画技还不如我。"释圆和尚听了淡淡一笑，要求其现在画一把茶壶一个茶杯。年轻人寥寥几笔就画完了，一把倾斜的茶壶正徐徐吐出一脉茶水来，源源不断地注入茶杯中，画得栩栩如生。没想到和尚说他画错了，应该把杯子布置在茶壶之上才是。年轻人说哪有杯子往茶壶里注水的。释圆哈哈大笑："原来你懂得这个道理啊！你渴望自己的杯子里能够注入那些丹青高手的香茗，但你总是将自己的杯子放得比那些茶壶还要高，香茗怎么注入你的杯子里？涧谷把自己放低，才能得到一脉流水；人只有把自己放低，才能吸取别人的智慧和经验"，年轻人听后恍然大悟。

的确，想要学到更多的东西，首先要把自己的架子放下来。不要再因为自己"懂了一点点"就开始骄傲，要想学到更多的东西，想要超越别人，就应该把自己放低，只有这样别人才会真心诚意地去帮助你。

“虚荣只是一张透明的外衣，自以为严实地包裹自己，别人却看得一清二楚”。把自己放低，用仰视的眼光去看世界，也许你会觉得自己很渺小，但是你可以看见自己的不足。把自己放低，不是太容易，但会让你发现你原来并不明白的一些事理，把自己放低的过程，其实就是一个逐步迈入成功的过程，要知道谦逊是最高贵的情感。

低调欣赏

鹰立如睡，虎行似病，正是它攫人噬人手段处。故君子要聪明不露，才华不逞，才有肩鸿任钜的力量。

低调做人，柔婉处世，这是强者的做人哲学。聪明不外露，才华不张扬，这不仅可以明哲保身，而且利于生存和进攻。

三国时的曹丕就能很好地领悟低调做人的道理，而不轻易彰显自己。

曹操曾经在嫡长子曹丕和三子曹植之间犹豫不决，不知道到底该立哪一个为世子好。依照旧例是立长子，但曹丕虽然是很能干，然而曹植的文采过人，名满天下，很受曹操的喜爱和器重，这不止一次地让曹操产生了立曹植为世子的念头。

曹丕很担心弟弟会取代自己的位置，就向心腹大臣贾诩寻求帮助。贾诩性格内向，老成持重，智谋超群但从不轻易显露，他本身就是一个低调的人，因此一般人都不能了解他的才干。但善于识人的汉阳阎忠却认为他有张良、陈平之谋略。

贾诩为曹丕制订了扬长避短，以拙制巧之计。他对曹丕说："愿将军恢崇德度，躬素士之业，朝夕孜孜，不违子道。如此而已。"也就是说："只要您有德性和度量，兢兢业业做事，并且不要违背做儿子的礼数就可以了。"曹丕觉得贾诩的话很对，自己的办事能力不亚于弟弟，只要不给别人换世子的借口，那父亲也没有道理要换掉自己。于是他处处以忠厚老实的面目出现，谨慎小心，不越雷池一步，不失时机地表现自己的孝顺和德行。

有一次，曹操率兵亲征，曹植特意做了文章来歌功颂德，讨曹操的欢心，同时也向大臣们显示自己的才能。但是曹丕却伏地而泣，长跪不起，什么话也不说，就是趴在那里痛哭流涕。曹操十分惊讶，问他怎么如此伤心。曹丕便哽咽着说：“父王年事已高，还要挂帅亲征，作为儿子，我心里又担忧又难过，觉得自己实在是太不孝了，不能替父亲分忧，所以如此悲伤。”

一语惊四座，满朝肃然，大臣们都为曹丕的仁孝而感动，连曹操都深深为之动容。相反，曹植的表现却让人觉得他没心没肺，丝毫不为父亲的亲征而担心，只知道炫耀自己，实在是有悖孝道，恐怕也不能做好一国之君。这件事使得曹丕在曹操心目中的份量加重了，天平倾向了他那一端，曹植渐渐被冷落了。

后来曹操为世子之事询问贾诩的意见，贾诩开始的时候闭口不答。曹操说：“我向爱卿请教世子之事，爱卿为什么不回答呢？”贾诩说：“臣适有所思，所以一时没有回答。”曹操问他何所思，贾诩说：“臣想起当初袁绍和刘表的事来。”原来当初袁绍死后立袁尚为继承人，而没有立长子袁谭，结果导致儿子们为了争权而引起内乱，最终灭亡。而刘表也没有立长子刘琦，而是立了刘综，也因此导致内乱。贾诩提起这两个人就是在提醒曹操前车之鉴不可忘，曹操果然也明白了他的意思，又见曹丕一直表现良好，便于建安二十二年(公元 217 年)立曹丕为世子。

后来，在曹操去世前曾评价他的几个儿子：“我是深爱我的三子曹植的，但是他为人虚华，不诚实，嗜酒放纵。我的二儿子曹彰有勇无谋，四儿子曹熊身体多病难以保全。只有我的长子曹丕，他为人笃厚恭谨，可继我业。”

当曹操的死讯传来时，曹氏兄弟都在外地，但表现各不相同。曹丕在邺郡，当他得知父亲的棺椁即将到来时，就率领大小官员出城十里，披麻戴孝，伏道迎入城中，显得哀戚难忍，孝感动天。而曹植却一向是将自己的君子之风放在首位，虽然听到使者来传达哀信，却端坐不动，并不显得有多么悲哀，虽说如此很有狂士之风，但是未免让大臣们觉得他不孝，而感觉到寒心。

于是在曹操死后，曹丕顺理成章地登上了魏国的王位。

如果曹丕不是这样有手段，按照贾诩的指导以退为进，而是冲动地和曹植竞争，那结果可能就不会这样。因为在世人心目中，他的才华明显不如曹植，而且结交的英豪也不如曹植多，胜负很难定论。但是曹丕的聪明之处就在于他随顺自然，以不争为争，恪守太子本分，让曹植一个人尽情表演。结果是公道自在人心，曹植的炫耀反而衬托了曹丕的德行，让他登上了王位。

可见高调做人可能会在短时间内很快地赢得人们的赞赏，但是也更容易引起人们的挑剔，而低调做人却可以让人们更加欣赏。

第四章
悦纳缺陷，不要苛求完美

每个人的内心都需要一个支点，也就是自我的生活哲学。上帝关上了你的一扇门，他一定不会忘记给你开扇窗。缺陷是一种另类美，不完美才造就完美。很多时候呢，我们逃避缺陷，便会使优势受到局限，把大多数注意力集中在了缺点上，想方设法令自己和别人忽视它，如此一来，就没有精力发挥自己的优势，也没有闲情逸致去品味生活的情趣。生活中总是有许多不快乐、生活中也不乏艰辛，试着抛开一切妄念，感受清新的晨曦，观察晶莹的露珠，看满天星辰璀璨，沐浴在清凉的夜风中，让内心远离尘世的喧嚣，让心灵在碧空下自由的呼吸，学会找回自我，这才是你在这世上真正拥有的一切！

放弃完美才能真正拥有完美

在一家大型企业的招聘会上，主考官给经过两次笔试、一次面试之后才选出的那十位精英人物这样一道考题——什么才是真正的完美？一个聪明的应聘者给出了这样的答案：

在台风来袭的深夜，你开着车在狂风骤雨中行进，当路过一个公交站时，你看到有这样三个人在那里等车：第一个是一位气息奄奄的老人，他病得很厉害，如果不能得到及时救治的话，他马上就有可能死掉；第二个是一位医生，他曾经救过你的命，是你的大恩人，你还发誓说当牛做马也要报答他对你的恩情；第三个是一位彬彬有礼的年轻男子或是一位漂亮小姐，你深深的爱恋着他(她)，甚至已经暗暗下定了非他(她)不嫁(娶)的决心，而今天，就是你向他(她)表达情感的好日子，一旦错过，就不会再有了。但你的车很小，只能载一个人，你该如何作出选择呢？

这道试题让那些胸有成竹的面试者们很是愕然，他们喧闹了一阵，然后便都沉寂下来，因为这种关乎道义、良心和个人私欲的抉择，无论对谁，都显得艰难而尴尬。

两个小时之后，这些果决而又雷厉风行的应聘者们才陆续把自己的答案交到主考官手上。他们的答案五花八门，但都说的有理有据，像那么回事儿。选择载老人的人，再三申明自己是个有社会责任感的人，愿意为社会、为道义抛弃一切；选择载医生的人，反复阐明自己是个滴水之恩必当涌泉相报的人；而选择载心目中的那个他(她)的人，也言之凿凿地强调着自己并不是没有责任心和良心，而是更愿意倾听内心的声音，去作出更为感性和人性化的选择。主考官满脸笑意地看着应试者们五花八门的答案，最后，他将一位考生的答卷抽出，当场宣布高薪聘请这位应聘者，因为他给出的答案，堪称是完美。

他是用什么样的答案击败那些能言善辩的竞争者，然后又让挑剔的主考官对自己的答案拍案叫绝并最终认定为完美的呢？其实，他的答案很简短，只有这么几行字：把车钥匙给医生，让他送老人去医院，而自己则从车上下来，陪梦中情人在风雨中等公交。

如果把这样一个选择题摆在你面前，你能给出如此完美的答案吗？能做到的人肯定是寥寥无几。那么，到底是什么遮蔽了我们的眼睛和思维，让我们不能作出如此完美的回答呢？最关键的因素就在于：在利益面前，很多人从未想过将自己已经拥有的东西放下，比如测试题中的车钥匙、比如自己已经在车上的位置。

其实，在这个世界上，根本就没有完美的事物，那些看着很美的东西，都是建立在当事人的放弃、磨合、容忍和融合的基础上的。就像故事中的应聘者，通过舍弃那些已经拥有的东西才造就了现在的完美，而他，也通过这样的舍弃获得了很多，比如道义、责任感以及相伴一生的人。完美只是个相对概念，所以，完美本不美，只有那些敢于舍弃，敢于用勇气和宽容将生活中的不完美抹去的人，才能拥有最完美无缺的世界。

在一期《开心辞典》中，有一位很睿智的选手一路闯过九关，在实现了所有家庭梦想后，王小丫询问道："还要继续答题吗？"现场的气氛因为这位选手的博学而被推向高潮，情绪亢奋的观众们在台下用呼喊替选手做着回答："要！要！"在这种情况下，很多人都会因为观众的怂恿而决定继续向前，这位选手却在众人的鼓动声中作出了出人意料的回答："不继续了，我放弃！"一时间，场内的观众都愣住了，主持人王小丫也很是意外，反复地向他确认："真的放弃了吗？"他毫不犹豫地点点头。"你不后悔吗？"王小丫又问。"为什么要后悔？原本想要的今天都得到了！"他笑着回答。

“原本想要的都已经得到了！”这样朴实的话语，内中却蕴藏着做人的最高智慧——知足。虽然丢弃了攀上顶峰的1%的可能，但却能收获沿途的所有风景。放弃了欲望和贪婪，生活在满足中洋溢幸福。

别为“不完美”而哀叹

苛求完美只会离完美越来越远，放弃苛求完美，我们会发现人世间的一切都有它自己的独特之美。

人生确实有许多的不完美，比如：上帝给了一个人美丽的容貌，却不给他博大的思想；上帝给了一个人高深的智慧，却不给他健康的体魄。同样，很多伟人都有弱点，富兰克林·罗斯福身患残疾，拿破仑矮小专制……这些人都不完美，也无法完美。但不可否认的是，他们的心境很完美，他们没有在不完美里哀叹。如果我们一味地追求所谓的完美，就不可能轻轻松松地面对生活，更不可能创造成功幸福的人生。

但是大多数人常常埋怨自己的生活不美满，这不如意那不舒心，总之，在他们眼里，到处充斥着不完美，这影响了他们的心情，破坏了他们的生活。其实，不完美是生活的一部分，拥有缺陷是人生另一种意义上的丰富和充实，同时，损伤和缺憾往往是我们进入另一种美丽的契机。

既然如此，面对诸多的不完美，我们就要用一种平和的心态来对待它。每个人都有缺点，重要的是如何能将这些“缺点”转化为“优势”，将这些“优势”好好运用、发挥，并得到更好的效果。

有一位挑水夫，他有两个水桶，分别吊在扁担的两头，其中一个桶有裂缝，另一个则完好无缺。在每次长途的挑运中，完好无缺的桶，总是能将满满一桶水从小溪边送到主人家中，但是有裂缝的桶到达主人家时，只剩下半桶水。

两年来，挑水夫就这样每天挑一桶半水到主人家。当然，好桶对自己能够送满整桶水感到很自豪，而破桶则对于自己的缺陷感到非常羞愧，它为只能负起一半的责任而难过。

饱尝了两年失败的苦楚，破桶终于忍不住了，在小溪旁对挑水夫说：“我很惭愧，必须向你道歉。”

“为什么呢？”挑水夫问道，“你为什么觉得惭愧？”

“过去两年，因为水从我这边一路地漏，你只能送半桶水到主人家，我的缺陷，使你做了全部的工作，却只收到一半的成果。”破桶说。

挑水夫替破桶感到难过，他很有爱心地说：“在我们回主人家的路上，我要你留意路旁盛开的花朵。”

走在回家的山坡上，破桶突然眼前一亮，它看到缤纷的花朵开满了路的一旁，沐浴在温暖的阳光之下，这景象使它开心了很多。

但是，走到小路的尽头，它又难受了，因为一半的水又在路上漏掉了！破桶再次向挑水夫道歉。

挑水夫温和地说：“你有没有注意到小路两旁，只有你的那一边有花，好桶的那一边却没有开花吗？我明白你有缺陷，因此我善加利用，在你那边的路旁撒了花种，每次我从小溪边回来，你就替我一路浇了花。两年来，这些美丽的花朵装饰了主人的餐桌。如果你不是这个样子，主人的桌上也没有这么好看的花朵了。”

破桶听了之后，心情终于释然了。

“木桶”的不完美成就了路边鲜花的完美，可以这样说，一种不完美往往是另一种完美的代言。当生命中有个小小的缺口，不要悲观怨叹，因为它可能让我们永远有追求幸福的动力。我们要正视缺陷，不要苛求完美。

过于苛求完美，则很可能遭遇失败。当然，完美主义也有可能会获得成功，但成功的到来并不是因为有了这些完美的标准。研究表明，苛求完美在工作效率、人际关系方面都会受到严重损害，甚至会导致自我挫败。原因是他们以歪曲的、非逻辑的思维方法看待生活。完美主义者最普遍的思维方法是“要么全有，要么全无”。

这首先导致完美主义者的工作效率低下，他们要求一切都尽善尽美，否则不如不做。认真的态度是每个人都需要的，不管是在工作中还是生活中。工作因为认真而变得出色，生活因为认真而变得精致。我们鼓励认真的态度，是为了让自己的人生变得幸福和充实，然而，生活中有些人却往往认真得近乎于偏执，不管做什么事都追求完美，不容许自己有一点点失误，不允许生活有一点点瑕疵，结果常常因为对自己太过苛求而搞得身心疲惫不堪。

在人际关系中，许多完美主义者感到孤独。这是因为他们害怕自己的意见不被采纳，使自己的完美形象受到影响。他们为自己的言行辩解，对别人却指指点点，评头论足。这样常常伤害别人，影响同事、朋友之间的关系，最终导致他们陷入孤独的境地。

过于苛求完美，还可能伤害人的自尊，损害人的健康。丘吉尔曾经说过：追求完美，事事完美，太苛求了，所以痛苦。追求完美很好，但是太苛求完美就有问题，苛求完美必然会不分主次、斤斤计较、因小失大。苛求完美还会陷入痛苦、失望的境地，长此以往，就会自尊心受挫，情绪压抑，精神不振，继而身体出现异常，得不偿失。

其实，人世间，完美与不完美只存在于一念之间。苛求完美只会离完美越来越远，放弃苛求完美，我们会发现人世间的一切都有它自己的独特之美。

善于发现生活之美

学会用我们的一双善于发现美的眼睛去欣赏，欣赏不完美之中独特的美。

上帝并没有创造一个标准的人，也没有在某人身上贴标签说“这个才是标准的人”。他使人类有个别之分，犹如他使每一片雪花有独特之分一般。维纳斯女神像因为断臂而举世闻名；琥珀因为嵌有昆虫而被人们喜爱；蝙蝠视力特差，可它的嘴与耳朵特别灵敏……

俗话说：“人无完人，金无足赤。”人生确实有许多的不完美，每个人都有这样那样的缺憾，真正完美的人是不存在的，即使是中国古代四大美女，也各有自身的不足。据记载，西施大脚、王昭君双肩仄削、貂蝉耳垂太小、杨贵妃患有狐臭。学会放弃完美，去接受并欣赏自己的不完美，也许会发现缺憾是另一种形式的美。

从前有一个非常完美的圆，它为自己如此的完美自豪并快乐着。可是有一天，它不幸失去了一角，从此不再完美。为此，它变得非常不快乐，并下定决心去找回自己失去的那一角。

一路上，它经历了风霜雨雪以及各种困难，但是它也见识了很多以前由于它太圆而无法停下来欣赏的美景，它闻到了花香，听见了虫鸣，看清了飞鸟，看见了日出日落，听见了潮涨潮落。如果它愿意，它想数多久星星就可以数多久；如果它高兴，它想和小虫聊多久的天就可以聊多久。

它突然发现，原来生活可以这样，因为追求完美，它曾经错过了多少美丽的风景，但是它还是想要完美。一路上，它遇到了好多个角，但那都不是它的。

直到有一天，它终于找到了自己的角，又成为一个完美的圆。

它是那么兴奋。它真想把这种幸福与它在这些日子里认识的朋友们分享。可是，还没等它反应过来，就在它与角重合的那一刻，它立刻开始了迅速的滚动，快得使它根本无法停下来，于是，它先是错过了总和它聊天的小虫，又错过了花的芬芳；接着，虫的鸣叫，鸟的歌唱都因为它速度太快所产生的噪声而使一切变得模糊甚至刺耳，它再也无法停下。

这时的圆突然明白，原来完美也是有缺憾的。它让自己错过了太多的乐趣并让生活失去了意义。想到此，它毅然决定把那个角去掉。它做到了，把那个曾经视作珍宝的角甩了出去，它又有了缺憾，但是，它也因此又能体验生活的乐趣了！

弗洛伊德有段话告诉我们：在现实中人各有其不同的缺陷，正是由于这些缺陷，我们才会发现完美所不具有的另一种美。容忍自己的“不完美”，努力善待自己，去做自己，发现自己，容忍自己，知道自己是一个不同于任何其他人的独立的个体，常怀感恩之心，就会知足常乐。

学会用我们的一双善于发现美的眼睛去欣赏，欣赏不完美之中独特的美。就像人们所说的，虽然你的眼睛小，但很有神；虽然你个子不高，但浓缩的都是精品。当你在回过头来看世界时，你会发现一切都有属于自己的美。

完美与缺陷总是共存的。在我们生活的地球上，有春暖花开，鸟语花香，也有雷电轰鸣，狂风怒吼。有美丽怡人的夏威夷，风光无限的威尼斯，也有冰天雪地的两极，不断喷发的火山，惊心动魄的海啸和地震，这一切才使世界显得丰富多彩。

人的一生也一样。我们每个人都存在着不同的、或大或小的缺陷。贝多芬耳聋之后，音乐创作有了质的飞越，谱写出了《命运交响曲》这样纯精神的音乐；中国的张海迪、美国的海伦，她们都有残疾，但她们依靠自己的顽强意志奋斗拼搏，取得了令人瞩目的成绩。她们的身体是残缺的，可她们的心灵、她们的精神是高尚的。她们的人生因自己的缺陷而美丽。

缺陷既然已经属于自己，我们就应该正确地面对它。如果拥有一颗晶莹剔透、美丽善良的心，不必太在意自己身体上的缺陷，努力地做好自己该做的事，使自己更充实，更有内涵，做一个开朗、善良并且积极进取的人。虽然我们无法使自己外表完美，但绝对有能力使自己内心完美，不会被缺陷和完美所带来的种种所累。

的确，世间万物不可能都是十全十美的，这不仅是一种现状，也似乎是一种规律，就像我们的心情不可能总是晴天、人们的相貌也不可能都是俊男靓女一样，“残缺”总是不可避免地要出现在我们的生活里。也正是因为有了这种缺陷的存在，才使得我们的人生更加丰满。所以，我们要以包容的心态对待自己的不完美，并从这种不完美中领略另一种美。

试着接受遗憾和不完美

Share在一家杂志社工作，作为文字工作者的Share，每天都在咀嚼文字的好与坏，为了一个字甚至标点符号，Share会花很长去思考，“晚上做梦都会梦到我在电脑前，盯着那个字看，过了一会儿，那个文字就变成了人，指着我说，‘你用我不合适，找别人吧’。白天起来就一身汗，想昨天自己交的稿子是不是又有什么地方写错了，然后就打开电脑，把文章找出来，从头到尾看一遍。”这样的事情时常发生，以至于现在的Share每天早晨睁开眼睛的第一件事情不是吃早饭，而是开电脑。“我很怕自己做错什么，通常，不保险的事情我宁愿不做。”

很多时候，人都太过苛求完美。追求容貌美的则欲倾城倾国，美艳无暇；追求事业兴的则想事事顺意，其宏图一展无余；当运动员的想每一天都有所进取，每个动作技巧都毫无破绽；学生们追求门门优异，科科高分，次次独占鳌头……

平心而论，想让自己的能力和境界达到高水平，这无可厚非，谁天生就甘愿居后呢？然而，倘若一个人处处要求自己尽善尽美，这个目标暂且不论高低与否，这种心态未必可取。

所谓人非圣贤，谁能做到处处强于人呢？苛求完美，强迫自己去达到每一个既定但相对渺远的目标，于身于心都是一种折磨。倘若目标达不到，心气必受挫，失败感充斥于心，这种失败感又是常人无法理解的，你何以选择这样的目标，即使侥幸达到了，完美了一回，完美主义的信仰在胜利的喜悦催化下必定让你去定下一个更具难度的完美目标。当然，难度越大，压力越大，当压力大到难以承受之时，心理可能就有崩溃的危险。

前几年，一个名牌大学成绩特别优异的女生，从上大一时就准备三年内修完所有学分并再选修一个专业，拿到双学位，然后提前毕业出国深造。想法不错，但是实现就困难了。她开始很有信心，必修课选修课甚至别的专业课也都门门第一。但大学的课程都是很深的，修了如此多的课很快就让她力不从心，很多课程拉了下来。从小好强苛求完美的她受不了这种打击，精神陷入一种崩溃状态，以致精神分裂。后来她不得不被送回家中休学。

完美永远只是一种理想，是无人能企及的境界。所以，追求完美实为不必。其实仔细想想，我们每个人都有长处，让别人羡慕的地方，又何必只往短处看，不能知足呢？

完整和对称并不一定就是美。就像太整齐完好蜡像的脸孔是乏味的，有时左右不太对称的脸反而更有魅力。就像《乱世佳人》里的费雯丽是电影史上最美的女人之一，许多影迷喜欢她那两道高低长短不一的柳眉。每当她高高挑起右边的眉毛，无论是表示挑逗或者挑衅都显得特别有个性而迷人。

传说在古代的印度有一个国王，他的国家非常强盛。有一天他得到了一个美若天仙的绝色女子，就封她为王妃，两人相亲相爱，这个国王完全醉心于爱情的世界里。然而，好景不长，他的宠妃得了急病，全国最好的医生也没能挽留住她的生命。国王悲痛欲绝，为示爱心，他为爱妃举行盛大丧礼，不忍让她离去，就装入大棺椁里，停放在王宫不远的大殿里，国王日日拜祭。国王发现这里环境不佳，就在灵殿周围建了精美的花园，以供香魂欢娱。后来又觉得这样还不能表示自己的爱意，为喻美人如水，就又建立了一个美伦美奂的人工湖，让香魂泛舟碧波。湖建好以后，又觉得缺少点缀，又叫人各处建亭台楼阁。后来又请世界上最好的建筑师来建造绝世的雕塑安放各处，后来又把世上最美好的诗篇铭刻在石头上，但是国王总是不满意这个绝世园林，想进一步的完善它。这样一直不断地扩充和完善这个园林，使之成为集天下大成的无与伦比的园林。一直扩建完善了四十年，国王老了，他还在苦苦思索，以求园林更完美，但总能找出缺憾。后来他把目光停在他爱妃的棺椁上，注视沉思良久，最后挥了挥手说：“请把它搬出这个园林。”这就是泰姬陵。

当然，缺憾美多半是无意和无奈的意外结果，但还是有故意经营的例子。对比泰姬陵，日本建筑就另有一种思维。像东照宫，据说建造时设计者因为自觉太完美了，恐怕会遭天谴，就想出一个办法：把其中一支梁柱的雕花有意颠倒，刻意造成一份缺憾美。原来完美的状态也是可怕的，因为没有任何状态，包括完美，是持久的；而完美状态有可能变成不再完美。唯有不完美的状态，才充满变化与发生的可能，才具有一种持续的生命力。

日常生活中完美状态的终止并不一定是坏事——那往往也是紧张状态的终止：小时候第一张不再是满分的考卷，新衣服上的第一点污渍，新车上的第一道刮痕……虽然都令人懊恼，却也让人在潜意识里松一口气：不必再成天提心吊胆地保持完美状态了！

做人要学会接受“不完美”，而接受不完美，如同接受不同的色彩，有不同的色彩，才可能拥有多彩的人生。

当缺陷成为一种美

古语云：甘瓜苦蒂，物不全美。从理念上讲，人们大都承认“金无足赤，人无完人”。正如世界上没有十全十美的东西一样，也不存在完人。但在认识自我、看待别人这一具体问题上，许多人仍然习惯于追求完美，求全责备，对自己样样要求，对别人也往往是全面衡量。

任何人总是有优点和缺点两个方面。俗话说“寸有所长，尺有所短”，“十个手指不一般齐”。长处再多的人，也不免有所短；缺点再多的人，也必定有优点。

美国大发明家爱迪生，有过一千多项发明，被誉为“发明大王”。但他在晚年，却固执地反对交流输电，一味主张直流输电；电影艺术大师卓别林创造了深刻而生动的喜剧艺术形象，但他却极力反对有声电影；创立了相对论的20世纪最伟大的科学家爱因斯坦，他的智慧带来了科学思想的革命，却不能处理好自己的家庭关系……奥地利圆舞曲大王约翰·施特劳斯逝世100周年的时候，一本新出版的传记以几百封从未曝光的书信为依据指出，这位创作了《蓝色多瑙河》等许多著名圆舞曲的施特劳斯，其实动作笨拙，不会跳舞。他还害怕阳光，非常胆小，也害怕黑暗，不敢独处，没有半点幽默感。真正的施特劳斯与众人想象中的活泼形象完全不同。

这些事实说明，大师、著名人物也都不是完人、超人，也不可能十全十美。他们的缺点和失误与他们给予人类的贡献相比，当然是次要的。但通过这些事实，我们应当明白，人无完人，人生必有缺憾，这才是真实的、正常的。

维纳斯塑像的断臂，引得众多的学者、文人、工匠进行思考、论证、试验，想对她的断臂进行重新“安装”。可是，种种假设和计划均告失败。于是，围绕在维纳斯身上的神秘感越来越浓。作为爱神，断臂的维纳斯似乎更受人们的喜爱，也更能引起人们做种种的猜想和遐思。由此可见，并不完美的缺憾之处从某种意义上看不也是一种美吗？

所以，当缺憾也成为一种美的时候，面对生活中仅有的一些不顺利，我们应恬淡接受、泰然处之。

很多人都希望按照自己的想法设计人生，在他们的心目中，总是渴望一种完美的生活状态。可是人生并没有完美可言，那些童话里的理想世界是不可能在现实生活中出现的。如果我们不能接纳生活中的不完美，而一味地苛求生活，那么到头来只能自寻烦恼。

印度有一则可笑而发人深省的故事。

有一个先生娶了一个体态婀娜、面貌娟秀的太太，两人恩恩爱爱，是人人称羡的神仙美眷。这个太太眉清目秀，性情温和，美中不足的是长了个酒糟鼻子，好像失职的艺术家，对于一件原本足以称傲于世间的艺术精品，少雕刻了几刀，显得非常的突兀怪异。

这个丈夫对于太太的鼻子终日耿耿于怀。一日出外去经商，行经贩卖奴隶的市场，宽阔的广场上，四周人声沸腾，争相吆喝出价，抢购奴隶。广场中央站了一个身材单薄、瘦小清癯的女孩子，正以一双汪汪的泪眼，怯生生地环顾着这群决定她一生命运的大男人。

这个丈夫仔细端详女孩子的容貌，突然间，他被深深地吸引住了。好极了！这个女孩子的脸上长着一个端端正正的鼻子，不计一切买下她！

这个丈夫以高价买下了长着端正鼻子的女孩子，兴高采烈，带着女孩子日夜兼程赶回家，想给心爱的妻子一个惊喜。到了家中，把女孩子安顿好之后，他用刀子割下女孩子漂亮的鼻子，拿着血淋淋而温热的鼻子，大声疾呼：

“太太！快出来！看我给你买回来最宝贵的礼物！”

“什么样贵重的礼物，让你如此大呼小叫的？”太太狐疑不解地应声走出来。

“你看！我为你买了个端正美丽的鼻子，你戴上看看。”

丈夫说完，突然抽出怀中锋锐的利刃，一刀朝太太的酒糟鼻子砍去。霎时太太的鼻梁血流如注，酒糟鼻子掉落在地上，丈夫赶忙用双手把端正的鼻子嵌贴在伤口处。但是无论丈夫如何努力，那个漂亮的鼻子始终无法黏在妻子的鼻梁上。

可怜的妻子，既得不到丈夫苦心买回来的端正而美丽的鼻子，又失去了自己那虽然丑陋但是货真价实的酒糟鼻子，并且还受到无端的刀刃创痛。而那个糊涂丈夫的愚昧无知，更叫人可怜！

这个行为虽然让人觉得有些可笑，但是人们追求完美的心，却与文中那个手拿利刃的丈夫如出一辙。有些人以为自己追求完美是积极向上的表现，其实他们才是最可怜的人，因为他们所追求的完美，是根本不存在的。也就是说他们所有的追求如海市蜃楼，只是一个幻影而已。

其实，面对生活，只要我们不经常用完美的心态去要求它、设计它，那么我们自然就会减少很多的烦恼和忧伤，那些不完美也不会让我们感到失望。

装扮不完美的人生

小区里有一位女士，身高不足一米五五，大学毕业以后求职，先碰了几次壁，人家也不明说，但她很快悟出，是嫌她个子矮。于是，再一次到公司应聘，面试时没等人家提问，先主动说："我知道你们会嫌我个子矮，而且你们也不是没有你们的道理——既然别的个子高的应聘者跟我别的条件差不多，那何必非录用我呢？但是，"说到这里她站起来，还转了转身，接着说："你们看出来了吗？我是自成比例的，而我的自成比例，还不仅仅体现在保持身材上。"面试她的副总经理被她的自信打动，也没再提什么问题，就定下了她。

试用期里，几件事过手，公司领导层都发现，此女为人处世确实自成比例——既可看脑袋做帽子、守着多大碗吃多大饭，却又能润物细无声地使芳草越铺越远。于是，转正留用，一年过去，提升为部门负责人，矮个子领导了一片高挑俊男倩女。

在小区，此女购得的那套单元，是顶层朝向最差的一套；她开的车，也是中档的；她到小区花园里健身，乍一看上去让人觉得她好像"来自小人国"，一动起来，却令人忘却她的身材，大有黄莺展翅之美。小区里像她那样的白领不少，一来二去，在花园里从相对微笑到有了攀谈交往，其中一位高挑身材的女郎跟她最相契，高女郎当然也跟别的业主攀谈，于是高女郎给她取的绰号渐渐不胫而走——兹彼丽女士，其实就是"自成比例"女士的紧缩音。高女郎有一次对遛狗的大妈说："哎呀，原来我嘲笑兹彼丽，说她不会买房也不会买车，现在我才体会到，她是自成比例啊！我呢，每天早上一睁眼，本来亮晃晃的太阳照进来，该开心不是？却马上想到，我今天又欠银行钱啊！如果公司倒闭，如果我被炒了鱿鱼，可怎么得了呀！”原来，高女郎虚荣心重，非一步到位买大房还得朝向最好的，买车也绝不愿“让内行看了齿冷”，于是贷款额度都不小，成为很大负担，为保证还贷，常常在装修堂皇的大房子里泡方便面、在高档靓车里吃煎饼，而兹彼丽女士呢，房贷、车贷还账，跟现收入比，根本不成其为“潜在危机”。高女郎也曾应邀去过兹彼丽的那个单元，高女郎自己买下的窗户只朝南和东的“黄金角”单元，虽说方位极好，但每天早出晚归，其实享受“黄金角”优越性的时间并不多。她进入兹彼丽那窗户多数朝西的单元，问：“你怎么忍受得了夏天的日晒啊？”兹彼丽说：“其实夏天也多是很晚才到家……不是说东房冬寒夏热吗？你看我的灯光设计——”于是拉上窗帘演示：她那单元的贴壁灯，夏天能给满墙铺上冷色，冬天则是暖色，“加上有空调、有暖气，那么从实质上和心理上，我四季都很舒服的呀！最重要的是，我的选择自成比例，我在这小区居住，享受到高档的环境和物业服务，却又只付出对我而言是没有多大后顾之忧的还贷数额。”高女郎大为佩服，她们成为闺中密友，私房话里，自然会涉及如何寻找“那一半”的议题。

高女郎也曾有几位相貌伟岸的男友，有的还来她那里同居，世道开通，无人侧目訾议，但高女郎如今基本上仍是一人独居，从她嘴角不自觉地有些个微微下弯看来，她的幸福指数，可能偏低。但兹彼丽女士却结婚了！她的夫君跟她一起出发去蜜月旅行，两个人的背影，令小区里一些人发出疑惑之声：“这难道也是自成比例吗？”那伉俪的背影，确实男的显得太高女的实在太低啊！及至转过身来，人们更是惊讶，兹彼丽面容娇俏，而她先生呢，不能说丑陋，却实在属于难看的一类！蜜月旅行回来，有一天高女郎单独与兹彼丽相处，问：“请解释？”兹彼丽笑：“请看我们拍的照片。”从电脑上看那些数码相机拍的旅游照片，居然多是些风景照或花草鸟石的特写照，人像很少，互拍的人像，新娘多是侧影，新郎全是背影，唯一一张请别人拍的双人照，却是黄昏中的剪影。高女郎看完不语。兹彼丽约高女郎留下，待先生回家后一起晚餐。晚餐菜肴全由她先生烹制，色香味俱全，席间夫妻二人与高女郎交谈，唱和幽默分寸恰到好处。

高女郎回到自己住处，一边听音乐一边沉思：把人生剪裁得自成比例，真的就意味着幸福吗？

世界上根本就不存在任何一个完美的事物。为了心中的一个梦而偏执地去追求，却全然不顾你的梦是否现实，是否可行，从而浪费掉许许多多的时间和精力，最终只能在光阴蹉跎中悔恨。世界并不完美，人生当有不足。没有遗憾的过去无法链接人生。对于每个人来讲，不完美的生活是客观存在的，无须怨天尤人。

不要再继续偏执了，给自己的心留一条退路，不要因为自己的一时之错而埋怨自己，不要因为不完美而恨自己，不要因为不完美而觉得不幸福。看看那些获得幸福快乐的人，他们没有一个是十全十美的。

完美往往只会成为人生的负担，人绷紧了完美的弦，它却可能发不出声来。那些懂得爱自己、宽容别人的人，才是生活的智者，才更容易活得幸福。

宽恕错误

人生不要太圆满，有个缺口让福气流向别人是很美的一件事。

在一个讲究包装的社会里，我们常禁不住羡慕别人光鲜华丽的外表，而对自己的欠缺耿耿于怀。但是没有一个人的人生是完整无缺的，每个人或多或少都有一些遗憾。

有人夫妻恩爱、月入数十万，却是有严重的不孕症；有人才貌双全、能干多财，情字路上却是坎坷难行；有人家财万贯，却是子孙不孝；有人看似好命，却是一辈子脑袋空空……

每个人的生命，都被上苍画上了一个缺口，你不想要它，它却如影随形。

如果你是一个蚌，你愿意受尽一生痛苦而凝结一粒珍珠，还是不要珍珠，宁愿舒舒服服的生活着？如果你是一只老鼠，你突然发觉你已被关进捕鼠笼，而你前面有一块香喷喷的蛋糕，这时，你究竟是吃还是不吃呢？

早期的扑满都是陶器，一旦存满了钱，就要被人敲碎；有这样一只扑满，一直没有钱投进来，一直到今天，他就成了贵重的古董，你愿意做哪一种扑满？你每想到一次就记下你的答案，直到有一天你的答案不再变动，那就是你成熟了。

不要幻想生活总是圆圆满满，也不要幻想总是享受所有的春天。人的一生中注定要经历坎坷，品尝苦涩与无奈，经受挫折与失意。

漫漫旅途中，失意并不可怕，受挫也无须忧伤。艰难险阻是人生对你的另一种馈赠，坑坑洼洼也是对你意志的磨砺和考验。落英在晚春凋零，来年又灿烂一片；黄叶在秋风中飘落，春天又焕发出勃勃生机。这何尝不是一种达观，一种洒脱？

适时地宽恕自己的错误，生活才能更轻松。

有一天，上帝来到人间，遇到一个智者，正在钻研人生的问题。上帝敲了敲门，走到智者的跟前说："我也对人生感到困惑，我们能一起探讨探讨吗？"

智者毕竟是智者，他虽然没有猜到面前这个老者就是上帝，但也能猜到绝不是一般的人物。

他正要问来者是谁，上帝说："我们只是探讨一些问题，完了我就走了，没有必要通报我的姓名吧。"

智者说："我越是研究，就越是觉得人类是一种奇怪的动物。他们有时候非常理智，有时候却非常不理智，而且往往在大的方面丧失了理智。"

上帝感慨地说："这个我也有同感。他们厌倦童年的美好时光，急着长大成熟，但长大了，又渴望返老还童。健康的时候，不知道珍惜健康，往往牺牲健康来换取财富，然后又牺牲财富来换取健康。他们对未来充满焦虑，却往往忽略现在，结果既没有生活在现在，又没有生活在未来之中。他们活着的时候好像永远不会死去，但死去以后又好像从没活过，还说人生如梦……"

智者感到上帝的论述非常精辟，就说："研究人生的问题，很是耗费时间的。你怎么利用时间呢？"

"是吗？我的时间是永恒的。对了，我觉得人一旦对时间有了真正透彻的理解，也就真正弄懂了人生了。因为时间包含着机遇，包含着规律，包含着人间的一切，比如，新生的生命，没落的尘埃、经验和智慧等人生至关重要的东西。"

智者静静地听上帝说着，然后，他要求上帝对人生提出自己的忠告。

上帝从衣袖中拿出一本厚厚的书，上边却只有这么一段话：

人啊！有人会深深地爱着你，但却不知道如何表达；金钱唯一不能买到的，却是最宝贵的，那便是幸福；宽恕别人和得到别人的宽恕还是不够的，你也应当宽恕自己；你所爱的，往往是一朵玫瑰，并不是非要极力地把它的刺根除掉，你所能做的最好的，就是不要被它刺伤，自己也不要伤害到心爱的人；尤其重要的是，很多事情错过了就无法挽回。

智者看完了这些文字，激动地说：“只有上帝，才能……”抬头一看，上帝已经走得无影无踪了。

你应该知道，你不可能取悦于所有的人，最重要的不是去拥有什么东西，而是去做什么样的人和拥有什么样的朋友；富有并不在于拥有最多，而在于贪欲最少；宽恕别人和得到别人的宽恕是不够的，你也应当宽恕自己。这样你的生活才能更加轻松、快乐。

追求完美的人对自己的要求远比对别人苛刻，他们能够包容别人，但却很难宽恕自己。人无完人，完美只是一座海市蜃楼，谁都不可能做到完美无缺。很多时候在别人眼中完美的人，只是远远地欣赏，一旦接近，那种完美的无可挑剔会令人窒息。

追求完美的人因为目标的遥不可及，经常会十分痛苦。既然这样，何不对人对己都包容大度一些呢?

不为缺点遮羞

很多年轻人都喜欢追求完美，喜欢在一种唯美的思绪里畅想自己的未来。但是，生活中，又有多少事物能像韩剧中那么完美？那么经得住人们想象的寄托？

人没有十全十美的，总会有这样或那样的缺点。缺点是否成为成功路上的障碍，关键是要看成就什么样的事业。想成为万人瞩目的政治领袖，就需要具有富兰克林那样的勇气，检视自己的缺点，并与之进行坚持不懈的斗争，直到胜利为止。

克劳兹是美国某企业总裁，他奋斗了8年，让企业的资产由200万美元发展到5000万美元。2005年，他去华盛顿领取了本年度国家蓝色企业奖章。这是美国商会为奖励那些战胜逆境的企业而颁发的，那年只颁发了6枚奖章。

克劳兹可以算是一个成功的企业家了，可他的心中却有一个难言之隐，他将它深深藏在心里已经很多年了。白天克劳兹应接不暇地处理对外事务，好像是忙得没有时间去阅读邮件和文件。很多文件由公司的管理人员白天就处理好了，白天遗留下来的文件，到了晚上，由他的妻子莱丝帮助他处理，他的下属对他无法阅读这件事一直一无所知。克劳兹的痛苦起源于童年。当时他在内华达的一个小矿区里上小学。“老师叫我笨蛋，因为我阅读困难。”他说。他是整个学校里最安静的小孩，总是默默地坐在教室的最后一排。他天生有阅读障碍，老师又责骂他，他在学校的学习变得更艰难了。1963年，他从高中勉强毕业，当时他的成绩主要是C、D和F(A是最高等级)。

高中毕业后，克劳兹搬到了雷诺市，用200美元的本金开了一家小机械商店。经过不懈的努力，1997年他已经成功开了5个分店，资产远远超过200万美元。今天他的企业已经成为所在行业的佼佼者，公司每年至少有1500万美元的利润。

克劳兹害怕受到那些大多是大学毕业的首席执行官们的嘲笑和轻视。但是，他没想到他得到的是更多的支持和鼓励。“这使我更加佩服他获得的成功，这加深了我对他的敬意。”他的一个下属说。另外，当克劳兹告诉他的其他雇员他不会阅读的时候，也赢得了雇员们的尊重。克劳兹说：“自从我下决心让每个人都知道这件事以来，我心里轻松了许多。”

从那以后，克劳兹聘请了一名家庭教师为他做阅读辅导。克劳兹最近正在读一本管理方面的书。他在所有他不认识的单词下面画线，然后去查字典，读得很慢。他希望有一天他能像他妻子那样可以迅速地读完办公桌上所有的文件和信函。更重要的是，他希望他的故事能鼓励其他正在学习阅读的人。

有缺点没有什么可羞愧的，然而，如果明知自己有缺点却不做任何改进，那就变成一种耻辱了。自己不去正视缺点，它将永远是缺点。克服它、战胜它的过程将是优点凸显的过程。

第五章 用包容之心呵护情感“家园”

家是人生的情感港湾，是我们每个人获得幸福和快乐的“家园”。然而，生活中无论是父母与孩子间，还是婚姻生活中或朋友之间都难免会出现误会与磨擦，如果你处处寸步不让、甚至是得寸进尺的去计较，那么等待你的定会是无休的争吵与打闹。相反，如果你能用一颗宽厚的心胸去包容你的亲人、爱人、朋友，这样抱怨就会少一些，理解就会多一些；争吵就会少一些，关爱就会多一些；争斗就会少一些，和谐就会多一些；痛苦就会少些，幸福和快乐就会多一些。

用宽容起航爱之船

一个女孩因为家里穷，在很小的时候就被母亲送给了别人。长大后，女孩知道了自己的身世，心中对亲生父母充满了怨恨。父母几次要来与她相认，她都拒绝了。

有一次，母亲来看她，给了她一件亲手织的毛衣，她连看都没看，就扔进了箱底……这样的僵局持续了十几年。转眼，女孩结了婚，生了孩子。初为人母，当她把全部的爱都给了自己的孩子的时候，她越发不懂母亲当时为何如此狠心地抛弃她，心里的怨恨更是有增无减。

女孩30岁时，母亲病危了。消息传来的时候，刚好是冬天，乡里的人送来信，说母亲想见她一面，让她穿上母亲亲手给她织的毛衣。

女孩听后，心里开始有些慌乱。再怎么说也是亲生母亲啊！她急急地穿上毛衣上路了。在路上，她觉得冷，于是把手伸进口袋中取暖。她突然在口袋中摸到了一张折着的纸条，是母亲写给她的信。母亲说，家里的另一个孩子是捡来的，那时候实在养活不了两个孩子，才决定把她送出去。因为，那个孩子实在太小，又病得不轻，除了他们，没人要那个孩子。

看到这纸条后，女孩非常震惊，她的眼里涌出了泪水：母亲这么多年是多么伤心啊，我是她唯一的女儿啊！

赶到家的时候，母亲已经辞世了。她的手里紧紧握着一枚扣子，那枚扣子的颜色跟女孩毛衣的颜色是一样的。母亲在留给女孩的信里说，送毛衣的那天，回到家里才发现，那件衣服上缺了一枚扣子，那枚扣子掉在了地上。母亲把它捡了起来，一直想去帮她缀上这枚扣子。想了十几年，希望再见到她，希望亲手把扣子交给她，母亲欠她一枚扣子。

女孩拿着这枚扣子，扣子已经被磨得光滑滑、亮闪闪的。她不知道，每当深夜时，母亲想她，就会拿出那枚扣子，放在掌心静静地看，看了十几年……

女孩在75岁的时候离开了人世，可是她的人生并不快乐，因为她一直在想，倘若当初对母亲宽容一点，也许就不会让母亲抱憾离世了。因为心中藏着懊悔，所以在以后的岁月中，女孩一直折磨着自己。

一个可怜的人，前30年活在怨恨中，后45年光顾着后悔，不知道她在临死的时候，有没有想过她生命的意义和价值，有没有为她这一生感到悔恨？前30年已无法挽回了，为什么后45年还要去为前30年付出那么多的代价呢？如果在母亲给她送来毛衣的那天，她能够宽容一次，那么，她的一生可能就会改写。

上苍给了我们同样的命运、同样的机遇，当走到生命的尽头时，我们留下的又将是什么？还要死守着对往事的怨恨和懊悔吗？当然不能。生活的路是越走越宽的，我们何必揪住曾经的伤痛耿耿于怀呢？为此，我们必须学会宽容，学会原谅生活中的阴差阳错，学会包容世间的一切不公平。要知道，宽容是在善待自己。

当面对痛苦的时候，我们不要抱怨，因为正是那些刻骨铭心的疼痛，才让我们认识到自己的不足，才能激励我们奋起直追。正是那一次又一次的跌倒，我们才学会了站立。

当面对自己的拥有时，我们不要吝啬，因为正是我们乐于奉献，乐于成全，才能读懂别人故事里的精彩，才能在别人的人生道路上留下自己的痕迹。也正是因为我们乐于与别人分享我们的快乐和忧伤，我们才能在遇到困难的时候，得到别人的帮助。

也许自私是每个人的天性，也许忌妒是每个人的本能，可是，当我们选择放下心灵的包袱时，自私的念头就会转化成奉献的基石，忌妒也会转化为向上超越的动力。我们尝试着放弃，忽略个人的得失，我们也会明白，吃亏是一种福气。走向幸福的道路不只一条，绕一个圈，也能到达理想的终点。

善待自己不仅是宽容。我们应该将自己的心窗打开，与世界相拥，与快乐同行。我们的人生会因为忘掉不愉快的记忆而变得春光明媚。

让包容成为真爱停靠的港湾

这是令人羡慕的一对情侣，他们的故事让人深思，让人反省，让人无限感慨。

男人和女人相爱在校园，她下嫁他，这是现代版的七仙女下凡。女人的父亲是那所大学所在地的政府显要，母亲是一家研究所卓有成就的研究员。而男人呢，是一位农民的儿子。中国农民的儿子拥有什么，谁都知道。但是她却死心塌地地跟了他，放弃亲情和前途跟他回到了他的家乡。两个人在同一个乡村中学里教书。他们很满足，最重要的是她安心现在的生活状况，两相厮守，不慕浮华。

由于他的工作出色，又是名牌大学生，很快便脱颖而出。短短10年内，他从教导主任、副校长、教育局副局长、局长直到县长，一帆风顺。当县长那年，他才39岁。对于丈夫的升迁，她感到宽慰，觉得自己当年没有看错人；而他也感谢妻子在他最需要爱情的时候给了他最需要的。但身在官场的他却常常身不由己，每天都有对付不完的应酬，好在她对此毫无怨言。

一次酒醉后，一位崇拜他已久的靓丽而年轻的女人主动向他献身。事发后，他诚惶诚恐，觉得对不起自己的妻子。但当这一切都神不知鬼不觉的时候，男人的血性便又被那个靓丽的姑娘点燃。在妻子出差的那段日子里，他默许了那个近乎疯狂地爱他的姑娘到家同床共枕。终于，他们偷情的场面赤裸裸地暴露在了提前回家的妻子面前。妻子没有大吵大闹，而是微笑着放那个姑娘走，并且关照她不必太紧张，说着还帮那个吓得脸色铁青的姑娘理好零乱的衣裙。偷情的姑娘走了，她却沉默了，从此不再单独和他说一句话。只有当他的下属来时，或是儿子在家时，她才会和他说话，而且显出十分恩爱的样子。别人一走，她就又变成了“哑巴”。其实他挺后悔的，他知道自己之所以能有今天，妻子的爱是最重要的条件之一。他是爱她的，他为自己的行为感到羞耻，他跪在她的面前，苦行僧式地向她忏悔，请求她饶恕。他这样努力地坚持了12年。12年中，他憔悴不堪。但是无论如何，妻子就是不说话。

12年后的一天，妻子第一次主动开口和他说话，她说：“我患了乳腺癌，医生说现在部分细胞已经扩散，我时日不长了。”他听完，泪如雨下，他抱住她一遍遍地问：“为什么不告诉我，咱们可以找最好的医院去治呀！”他把妻子送到了医院，但一切都已为时太晚。妻子弥留之际，对他说：“现在，我承认我错了，这些年，我不应该这样对你。我死以后，你就再找一个合适的女人，一起过吧。”男人号啕大哭。女人死后三个月，男人也去世了。他患的是胃癌，是在一年前的一次体检中发现的，但他也没有告诉她。他临死前对儿子说了一句让儿子莫名其妙的话：“你妈妈原谅我了，我死而无憾。”后来，他们的一位医学专家朋友对他们的儿子说“你爸爸和你妈妈的病，都是因心情长期抑郁造成的。假如你妈妈早一点儿表现出她的宽容，事情也许完全是另一种结果……”

故事中的妻子惩罚了丈夫，却以失去自己的幸福和生命为代价。从妻子12年的沉默中，我们能感觉到她滴血的胸膛，她受的伤害的确是深重的，她要让丈夫也承受同样的伤痛。而当她醒悟时，生命已不再等待。

人非圣贤，孰能无过？惩罚从来就不能解决问题。婚姻是两个人共同经营的事业，如果出现了漏洞应当及时修补。否则，洞就会越来越大，最后让婚姻的大厦轰然倒塌。

有句俗话说：“婚姻如饮水，冷暖自知。”当你原谅了对方时，困在你心里的囚犯便获得了自由。

如果你只是不断地怨恨，那么真正受折磨的人其实是你自己。因为怨恨是一种具有侵袭性的东西，使我们失去欢笑，损害我们的健康。怨恨，更多的是伤害怨恨者自己，而不是被仇恨的人。

“幸福的家庭是相似的，不幸的家庭各有各的不幸。”幸福的家庭中不能缺少包容，正因为包容，才让你爱的人感觉到了你的温情；正因为包容，家里充满着温馨的气氛；正因为包容，你们的爱情才会走得更深更远。

睿智的迁就也是一种包容

婚姻是人生最重要的结盟。它是心、身与经济的联系，家庭就是最佳的智囊团，当一对夫妇心灵一致、目标一致时，这个无价的结合可以令他们飞向无限的高峰。

每一个成功男人的背后都有一个女人。

香港金王胡汉辉正是这样一位成功而幸运的男人。

胡汉辉与太太杨铭榴在抗日救亡运动中相识后，俩人感情日益深厚。每每讲起自己的太太，胡汉辉就立即变得眉飞色舞。

“我老婆好迁就我。我中意游泳，她不会，就猛学。暑期日日去金银贸易场泳棚苦练。”“我家里，除了我再没人吃辣子，但是我就中意川菜，于是她又去学，专烹川菜，同咖喱一起给我吃。她完全适应着我的嗜好。”

那时，胡太太从“汉文师范”毕业以后，一直在学校教书，后来又做香港职业学校的女校长，对教育事业很有感情。但胡汉辉的业务日益庞大，便向太太求助，要她先别教书来帮帮忙。“这样她连退休金都不要，辞了职就来帮我。”

除了这些为了丈夫事业的“牺牲”外，她对胡汉辉事业也有过不小帮助。

胡汉辉是在广州读的书，起初英文知识很有限，而杨铭榴是香港的高才生，所以起初胡汉辉与外商谈判时，身边总少不了太太“保驾”，久而久之，她便成了金王得力的外交大臣。胡汉辉大发后，她与以前一样，一点没有阔太太的架子，不但持家朴素，上班也依旧坐公交车，也很少披金挂银。

胡汉辉就在事业如日中天时因病去世，可以令他含笑九泉的是，他的太太继承了他的事业，并把他的事业推上了一个更高的台阶。

在婚姻中，互相迁就是维系婚姻关系的一项重要原则。对对方的迁就其实也是对对方的一种尊重与欣赏，是相互之间的体谅。这样的婚姻能令双方都有愉悦的心情工作与生活。

中国自古崇尚夫妻间的相敬如宾，举案齐眉，讲的就是夫妻间能够做到相互体谅，互相尊重。很多男人都希望自己的妻子能够有助于自己的发展，即使不能给自己带来多大的事业推动，至少也不能拖自己的后腿。作为女人，最能体现她的气度与智慧的就是对丈夫的迁就。迁就丈夫，为他创造良好的家庭环境，让他在回到家中时能完全放松身心，这对他的事业是一项重要的助力。

话虽如此，女人在迁就男人的同时，应该保持一定的自我原则，不可事无对错都一味忍让。盲目服从的爱情并不能称其为伟大的爱情，真正的爱情是相爱双方有原则的妥协与体谅，单方面的牺牲，只能造成单方面的爱。

在婚姻里，很多事情分不清对错，但还是要为对方想一想，不要因为自己的任性或是奢华而破坏家庭的幸福。婚姻是爱情的归宿，我们都要学会经营，从心底学会善待对方。女人嫁给一个爱自己的人是幸福的，在他面前撒娇、扮痴的同时，请不要忘记为他建设一个心灵的栖息地，让他能够感受到有你的快乐。

放爱一条生路

西柚在A城某大学教书，丈夫子仪在B城做生意。每逢周末，西柚坐两个小时火车回到B城与丈夫团聚。西柚并不为两地分居苦恼。眼下都市里的男男女女为了婚姻“保鲜”奇招迭出：室内分居者有之，到宾馆开房者有之。而她和丈夫不费劲就能使婚姻保鲜。

邻家女孩晓荷是西柚的学生。这个周末，西柚和晓荷一起回家。在火车上，晓荷小心翼翼地说“西柚老师，有件事想告诉你，可又怕你伤心。”西柚宽厚地笑笑“说吧，老师不伤心。”“……你不在家时，有个女人常去你家过夜，我妈妈看到的。……”“没关系，那是我的表妹。”西柚表面上很平静，心里早已惊涛骇浪，痛不可当。

下了火车，西柚借故和晓荷分开，然后给子仪打电话：“我回不去了，学校明天有个学术交流会。”

晚上9点钟，西柚看到丈夫和一个年轻女人进了楼，他们虽然没有亲密的举止，但暧昧的眼神却纠缠不休。

捉奸，是女人一生最惨烈的痛。

那个女人是子仪的初恋情人，据说他们曾经有过很美好很刻骨铭心的爱情。

离婚大战打了一年多，西柚就是不肯离婚。

“耗死他们，让他们还没走到一起，就已经反目成仇。”西柚想。

这个周末，西柚照旧乘坐火车回B城，虽然子仪已离家出走，公开与那个女人同居。

这列火车快到终点站B城时，车上的乘客已经下得差不多了，西柚所在的车厢只有四五个乘客。有人在给家人打电话，脸上挂着幸福的表情。

西柚痛苦地闭上了眼睛，回想起那张在书桌上摊放了一年多的《离婚协议》。

突然，西柚听到有人说话，声音挺大的：“妈，是我，化萍。”西柚环顾四周，无人。火车过了二十里河那站后，这个车厢里的乘客只剩下西柚一人。西柚察看了半天，才明白是广播在响。

开始，西柚以为是在播小品，可仔细一听，不像。“妈，今天我跟车，我给你买了预防非典的中药，还有治疗心肌缺血的西药。刚才火车在二十里河站停靠时，我放在售票处一个姓蒋的男同志那里了。”

西柚明白了，播音室里的播音器没关上，播音员用手机打电话，被现场“播音”。

西柚觉得很有趣，竖着耳朵听。

“妈，我虽然和大伟离婚了，但您还是我妈。我叫您妈都十几年了，我改不过嘴来。”

西柚的心一下子紧了起来，她感觉这个“电话粥”不同寻常。

“妈，我现在挺好的，小帅也挺好的，学习成绩也上来了，老师说考重点高中没问题。”

“大伟和那个女人上个月12号结婚了。大伟没跟你们提过她吗？她比大伟小4岁，做翻译工作，结过婚，但没孩子。听说，她前夫是得病死的。她性格挺好的，什么事都顺着大伟，不像我性子又急又犟，他们在一块儿挺合适的。”

西柚可以想象，此时此刻电话那头的老人一定是既难过又欣慰，难过的是这个叫了她十多年妈的孩子从此无依无靠，欣慰的是儿子的婚姻有了着落。

“妈，现在社会开放了，离婚不是什么丢人的事，你不要觉得在邻居当中抬不起头。你可以告诉他们，大伟不是那种胡乱来的人，大伟和那个女人在大学里相爱三年，后来那个女人去了国外，两人才分手。那个女人在国外结了婚，后来丈夫死了，她一个人在国外无依无靠的，就回来了。她和大伟在同窗聚会上见了面，这一见就分不开了。我开始也恨，恨得咬牙切齿。可看到他们战战兢兢、如履薄冰地爱着，我心软了。就放他们一条生路……”

西柚的眼睛湿润了。她想起丈夫写给她的那封长信：

……这些年，我经常做这样一个梦：一个梳着羊角辫的小女孩骑在爬满常春藤的矮墙上，手里拿着一块金灿灿的发糕冲我喊：‘子仪哥哥，刚出笼的发糕，快来吃呀！’那就是小时候的她。我和她青梅竹马，朝夕相伴。直到17岁那年夏天她举家搬迁。她有一个常年卖发糕的爷爷，那条小巷四季飘香。她走后，那条小巷就寡淡无味了，我的少年岁月也从此寡淡无味了。

我没有想到会在茫茫人海中与她邂逅。在你面前，我不想隐瞒她曾是一个不好的女人。我是在一个娱乐场所遇见她的。虽然灯光昏暗，可我还是一眼认出了她，当时她正在朋友怀里放浪形骸。我将她从朋友怀里拉到角落：‘子仪哥哥，刚出笼的发糕，快来吃呀！’话一出口，我已经热泪盈眶。她魂飞魄散，继而掩面而泣。我没有给她任何承诺，可她就是从那天起结束了昼伏夜出的勾当。

我决定爱她，照顾她一生。因为17岁那年我流了整整一个夏天的泪水……

求你，放我们一条生路，放爱一条生路！

车到B城，西柚在街头慢慢走着。明天我就要永远离开这座城市了，今晚好好地看一看吧。西柚自言自语。

晚上回到家，西柚在离婚协议上签了字。

爱情像一棵植物，需要阳光的抚慰与雨露的滋润，黑暗与干涸只会夺去它的生命。如果一个人对对方只有控制和占有的欲望，并且打着“爱”的旗号，爱情就成了魔障。放爱一条生路，这需要何等的宽容，何等的胸襟啊！

爱或不爱，又何必追究

他爱她的时候，她是他捧在手心的珍宝；她爱他的时候，他是牵引她视线的磁石。然而终有一天，当其中的一个人找不回当初心动的感觉，于是，头也不回地走掉了。可是剩下的另外一个人，内心的爱情之花仍然在小心翼翼地绽放。于是，留守的人死死地拽住想要离开的那个人，甚至不甘心地追问："你为什么要离开？"

爱或者不爱，都不需要追问。追问的结果，只能让你感到更加难堪。她爱你，你必然有足够吸引她的地方，他不爱你，不是你不够好，而是当初你吸引他的东西已经不再重要。这个时候潇洒地转身说声再见就好，何必纠缠不清呢，把自己置于一个被人厌恶的境地，何必呢？何苦呢？

我们都知道爱情中一个永恒的难题，我们不能预知爱情何时会发生，何时会结束。喜欢你的人你不一定会喜欢，你喜欢的人也不一定会喜欢你，互相喜欢的两个人却也不能保证就可以真的相爱到白头，在这似乎无迹可寻的爱情里面，我们每一个人都不可能是真正的高手，你可能会伤害一些人，同时又被另外一些人所伤害。

然而，我们仍然勇敢地追求着爱情，是因为爱情虽然给我们带来了切肤的痛，却也为我们带来了最真切的快乐。有时候，结果并没有你想象的那么重要，曾经真切地爱过一场，又何尝不是记忆里最美丽的花朵，何必非要让它成长为一株充满毒汁的罂粟呢？

张扬提出和璐璐分手，理由是他的母亲不喜欢璐璐。璐璐不甘心，几年的感情敌不过他母亲轻描淡写的一句话？

璐璐是在新生联谊会上认识张扬的，张扬没拿稳手中的饮料，浸脏了璐璐的连衣裙，于是两人就这样相识了。那时候，张扬还是个腼腆的男生，和女孩子说话还会脸红，遇到一些突如其来的状况会显得手足无措。那时候，璐璐是一个骄傲的小公主，对身边的男孩子呼来喝去，却总有人愿意跟在她身后转。

后来，两个人开始笨拙地谈恋爱，像大多数年轻的情侣一样，他们经历了所有甜蜜动人的情节，然后他们毕业了，走出了学校伊甸园一样的大门，他们的爱情面对着最严酷的考验。

刚毕业的那段日子过得十分辛苦，两人住在地下室里，吃劣质的食物，然而，那个时候年轻漂亮的璐璐拒绝了其他人的示好，她一心一意地爱着张扬。张扬也曾声音哽咽地抱着璐璐说，一定要给她幸福。

张扬的职位越来越高了，本以为两人迎来了爱情中的另一个春天，却不曾想到，张扬的应酬也越来越多，和璐璐在一起的时间越来越少，现在他又态度坚决地提出了分手，而且，居然是拿他妈妈做挡箭牌。

璐璐怎能甘心呢？她不是没跟张扬闹过，她甚至拿自杀威胁过张扬，到后来，张扬索性关机不回家，他像是从璐璐的世界里消失了一样，根本不关心璐璐的一举一动。

自己爱的怎么会是这样一个人呢？璐璐感到锥心刺骨地难过，她躲在家里不吃不喝，一遍遍地拨打张扬没开的手机，她就是想问张扬，为什么不再爱她了。

璐璐拨打了五天的电话，五天里，张扬的手机一直没开，璐璐觉得有些绝望了，她所做的一切不过是在伤害自己而已。她强迫自己化好妆，去马路上逛街，和朋友聚会，把更多的精力放在工作上，渐渐地，虽然她想到张扬的时候还会感到痛，但是这伤害已经没有以前那么大了。

过了一段时间，偶尔再想起那个熟悉的号码，璐璐尽力控制着自己不再拨打过去，那些问题就让它烂在心里吧。一年后，璐璐找到了爱她宠她的新男朋友，当她再想到张扬的时候，觉得已经云淡风轻了。曾经迫切想要知道的答案，现在看来，没有任何存在的意义。

你想要知道对方到底爱没爱过你，你想要知道对方究竟为什么不再爱你了，可是这一切，对你还有什么意义吗？或者你想听到什么样的答案？你是不是需要一个深情的回答来证明自己曾经被爱过，这样你的付出才显得不那么愚蠢，你的爱才显得有意义，是这样吗？

其实，你知道的，不管对方有没有真正地爱过，总之，这一刻就是不爱，不然何至于这样的决绝。当对方对你表露出这样的分手决心时，请你拾起自己的自尊，微笑着离开，千万不要纠缠不清。

当你失去理智一般想要唤回你的恋人，不但让自己成了被别人严重耻笑的对象，而且会让对方觉得你实在是一个讨厌的人，更加坚定对方离开的决心，仅存的一丝内疚也在与你的激烈对峙中消耗殆尽。

即使你心里有无数个疑惑，即使你伤痛欲绝、委屈满腹，也请不要在那个准备离开你的人面前崩溃，要知道，无论你怎么做，对于一个已经下定决心的人都没有任何的作用，即使你能够力挽狂澜，你觉得这样一个对爱情不坚定的人，值得你如此吗？

王晓吉发现女朋友芙瑶最近很反常，她常常一个人对着镜子发呆或者傻笑，手机也被设成了静音，即使有电话打过来，也总是偷偷摸摸地出去接。王晓吉隐约感到了什么，他委婉地告诉芙瑶，最近他的工作很忙，但是他一直是很爱她的。

芙瑶并没有领情，没想到她直截了当地告诉王晓吉，她爱上了另外一个男人，这多少让王晓吉有些难堪，他无论如何也没想到，芙瑶会做出如此的选择。他无法接受女友的背叛，于是，不停地追问女友为何要背叛自己，起初，多少感到有些内疚的芙瑶对王晓吉还很客气，但不耐烦对方一直纠缠不清，于是，只要是陌生号码干脆不接。

王晓吉觉得自己快要疯了，芙瑶越是不搭理他，他越是难受，越是难受，反而越想跟芙瑶说清楚，至于要说清楚什么，王晓吉自己也搞不清楚。

人活在世界上，是否快乐幸福，在于自己的心态，自己的感觉。有些事情没有必要非要刨根问底，有些真相，我们心知肚明足矣。

对于曾经的爱人，我们挥一挥手，说声保重就可以了。不必责难，不必委屈，你们曾经一起走过这已经足够了，接下来会有更好的人陪伴你。所以，当你失恋的时候，切不可歇斯底里蓬头垢面，说不定下一个发展对象，正在你的身边默默地关注你，千万不要让她(他)感到失望。学会宽容，学会放手，给自己一个重新快乐起来的理由。

恨并不是爱的反面

恨，有时候是误用了爱的力量。恨一个人，往往要比爱一个人花上更多的力气，当你对一个人由爱转恨，并不是你真的不再爱那个人了，反而是，你花了更多的时间来记住对方。

如果你决定远离一个人，请不要去恨他，无论他对你做了什么事情，试着原谅，试着遗忘，这并不是在显示你的高姿态，而是只有你肯去原谅去遗忘，才能让你过得更好些。

当郑钧再次看到那张曾让他如痴如狂的脸，不禁感叹上帝的安排，时间已经过去五年了，苏美还是五年前的那个样子，只不过笑起来的时候，眼睛周围那些细细的痕迹，是再怎么也遮掩不住的。

五年前的一天，苏美毫无预兆地突然失踪，郑钧找遍了整座城市也没有她的踪影。后来，郑钧辗转收到苏美留下的一封信，苏美在信上毫不客气地说道，和郑钧在一起的日子她并不开心，郑钧是一个太过安逸的人，给不了她想要的生活，而现在，她要去拥抱她想要的生活了。

准确地说，苏美选择和一个十分有钱的商人在一起，甩掉了无权无势的郑钧。

谁成想，五年之后，他们居然还会在这个熙熙攘攘的街头遇见呢？苏美看到郑钧的时候，显然有片刻的慌乱，她可能没有想到，当年的穷小子，现在也已经是身价不菲的钻石王老五，只是，他臂弯里斜跨的另一个女人，看起来实在平凡不过。

郑钧的电话一直没有换，苏美多少感到有些意外，看来，在郑钧的心里还有着她的位置。苏美心里有些得意，那个平凡的女人，根本不是她的对手吧。

在富有英格兰情调的咖啡厅里，苏美对郑钧哭诉着自己这五年里的不幸，并乞求郑钧原谅她的一时糊涂。

郑钧一脸平静地看着苏美，他缓缓地告诉苏美，他并没有恨她，以前的事情他都已经忘记了，她也不用放在心上。苏美一脸不可置信的表情，她不相信郑钧真的能够忘记她，苏美脱口而出："你真的不恨我吗?"

"不恨，从你离开后，我疯狂地找了你一段时间，等到我看到你的信，我就决定忘记你，现在，我同样祝福你。"郑钧悠然地吐着烟圈，这时候，郑钧的电话响了起来，郑钧的表情突然缓和下来，整张脸洋溢着幸福的感觉，放下电话后对苏美说了声"抱歉"，然后头也不回地离开了。

当你沉浸在对某个人的仇恨中，是在对自己无休止的折磨，仇恨的感觉会吞噬你的心，让你丧失所有对外界的触觉，你不是在报复别人，是在折磨自己。

然而，我们往往控制不住仇恨的感觉，当我们受到伤害的时候，所有的理智都会靠边站，我们的心无法被控制，我们就是要恨那个人，哪怕赌上我们以后的所有幸福。只是，如果你还有一丁点的理智，请你相信，那个决然离开的人，那样的人不值得你付出如此惨痛的代价，你对其最好的报复，就是尽快地忘记，忘记关于她(他)的一切，快乐的，不快乐的，统统都当做别人身上发生过的事情，与你无关。

王萌萌发现丁重阳对她的背叛是在三个月之后了，丁重阳背着王萌萌和办公室里的小文员卿卿我我暗度陈仓，交往了三月有余，王萌萌发誓一定要丁重阳为此付出惨痛的代价。

想当初，丁重阳追王萌萌的时候可谓是费尽了心思，也曾大半夜跑遍了半个城区只是为了给她买来一碗卤煮。然而，这份曾让王萌萌感动不已的爱情刚刚开始就迅速降温，他们正式交往的时间才不过短短的一年，这个花心的丁重阳居然做出"脚踏两只船"这样不耻的事情来，这怎能不让王萌萌感到心寒。

王萌萌假装不知道丁重阳所做的事情，这段时间她甚至表现得格外小鸟依人，她偷偷记下了小文员的一切联系方式，想方设法搅乱他们的关系。甚至，主动到丁重阳的公司大秀他们之间的甜蜜，这一招果然奏效，丁重阳这段时间难免有些焦头烂额。

他们的分手当然在王萌萌的计划之内，没等丁重阳喘口气，王萌萌使出了她的杀手锏，她给丁重阳的上司写了一封匿名信，检举丁重阳曾犯下的重大工作过失。

过了不久，丁重阳降了职减了薪，王萌萌悄然无声地离开了丁重阳。

王萌萌得到了她想要的结果，她狠狠地报复了丁重阳，让他在爱情事业上都受了挫，然而，在这个过程中，她发现自己并没想象中那么开心，心中的痛苦反而有增无减。毕竟，她恨的那个人，也曾是她最爱的人，她所做的一切并没有让她的内心得到丝毫的满足。

恨一个人，会让你耗费更多的时间和精力，去做一些对你没一丁点好处的事情，恨比爱更消耗体力，更会让人觉得空虚，不爱的时候，也不要去恨，因为你是在用别人的错误惩罚自己。不去恨，才能有机会得到更多的爱。

别让自己深陷在痛苦之中无法自拔，只要我们自己愿意，完全可以从痛苦中解脱出来，别说“你耗尽了所有的爱情”这样的傻话，离开了你的人，一定不是值得你等待的那个人，公主在找到青蛙王子之前，也曾遇到过一些货真价实的青蛙；王子在追寻心爱的灰姑娘之前，不也曾把水晶鞋套在别人的脚上。你还没遇到最适合你的人，更应该是怀着一颗充满阳光的心，微笑地接受这一切。我们还有更多美好的事情要去做，何必浪费自己宝贵的时间呢。

相信吧，美好的开始就在不远处等待着你。

有一种幸福叫包容

婚姻犹如行驶在大海中的小船，有时风平浪静，一帆风顺；有时则有风暴、暗礁。只有划动包容的船桨，挂起体谅的风帆，同心协力才能到达幸福的彼岸。

婚姻中注定会有无数的美好瞬间让你感动，在那些平淡的日子里，它们会悄无声息地从昔日的回忆中跳出来。有时即便只有一丝感动，也可以酿出一生的甜蜜。婚姻生活中，有一种感动叫相濡以沫，有一种感动叫相亲相爱，还有一种感动叫包容。

如果把恋爱比作风花雪月的浪漫小夜曲，那么婚姻就是锅碗瓢盆的命运交响曲。婚姻演奏着最朴实的乐章，谱写着平凡却醉人的温馨曲调。婚姻中的爱情最终会慢慢地不再被提起，彼此更多的是相互的守候、相互的扶持。在婚姻中，仅仅守住爱情是不够的，还要用心去经营、去维系。

有这样一句妙语："婚姻是唯一没有领导者的联盟，但双方都认为他们自己是领导。"婚姻不是一个人的事情，夫妻双方都要对婚姻负责。试想，一对萍水相逢的男女，要在同一屋檐下度过风风雨雨几十年，他们同时又有着各自的性格，彼此之间难免会产生摩擦。此时，就更加需要理解和包容。

一天上午，并非王某亲生女儿的小青在学校突然晕倒了，到医院确诊，小青患的是淋巴性白血病。

医生对王某夫妇说，要想治好这种病，需要妻子张某再生个孩子，用新生儿的脐血来挽救小青。这就意味着妻子必须与旧情人再生一个孩子，这怎么可能呢？妻子张某痛苦地低下了头，王某更是痛苦万分：本来小青就不是自己的亲骨肉，怎么能再要一个又不是自己骨肉的孩子呢？经过反复思考，王某做出了一个令人难以置信的决定：让妻子与旧情人再生一个孩子救小青！然而，这个决定遭到了张某的坚决反对："这十多年来，我们早就没有任何来往了，况且双方都已有家室，你让我怎么跟他讲？再说，我至死都不想让他知道小青是他的亲生女儿，我更不能做对不起你的事啊！""生命高于一切。为了小青的生命，请你好好考虑考虑吧！"王某诚恳地对张某说。张某又何尝不想救女儿呢？只是她万分珍惜与王某的感情，实在不愿让这份感情再受到任何干扰了。

考虑了几天，张某觉得自己无论如何都不可能再和旧情人有什么瓜葛。如果能用其他的方法与旧情人再生一个孩子，倒还可以考虑。与王某商量后，夫妇俩坦率地把自己的隐私对大夫讲明了，大夫说："你们可以采用人工授精的方法怀孕，这样也能使孩子获救。"接着，王某找到并说服了妻子的旧情人，使他答应献出精子。接下来，医生为张某做了特殊的人工授精手术。手术做得很顺利，一个多月以后，张某就怀孕了。看着妈妈渐渐隆起的肚皮，小青知道新的小生命与自己的生命紧紧相系，久违的笑容，再一次回到了她的脸上。等妻子生产以后，王某当即带上装在保温箱里的一段脐带，到医院做了配型化验。喜讯传来，配型成功！张某刚刚坐完月子，王某和她就带着小青和他们新出生的女儿到为青青看病的医院，找到了青青的主治大夫，主治大夫马上安排孩子住院。观察7天后，为小青做了亲体配型脐血干细胞移植手术。手术进行了两个半小时，非常成功。

住院观察期间，小青未出现大的排异反应，于半个月后痊愈出院。小青稚嫩的生命，终于又重新扬起了希望的风帆。

显然，王某就这样承受了有悖传统伦理的"奇耻大辱"，奉献了拯救孩子生命的大爱！尽管他因此陷入了难言的尴尬和隐痛，但他的人生却因此显现了人性的光芒，令人肃然起敬。只要人们知道了其中的隐情，谁还能忍心讥讽他？因为这一切对于很多人都难以做到。所以，心胸宽、境界

高的人才最值得别人去尊敬和赞美。

如果把婚姻比作汽车，包容、忍让及体贴就是汽油。在婚姻生活中，当男人暴跳如雷的时候，女人的忍让可化解一场战争；当女人使小性子的时候，男人的包容可以化解一场纠缠与冲突。人类爱情的最高境界，是回归到同甘共苦的亲情中，回归到共同承担责任的婚姻中，即所谓“执子之手，与子偕老”。

包容是婚姻中的融合剂，但如果包容过度则就成了纵容。纵容就像慢性毒药一样，逐渐会把甜蜜的婚姻变成痛苦的牢笼。如果说包容是婚姻生活中的糖，那么批评与改正则是婚姻生活中的盐，只有加入适量的糖和盐，婚姻生活才会有滋有味。

婚姻生活内容丰富，彼此的包容与理解，是爱情最温柔的部分。作为婚姻中的男女，必须要学会仔细品读自己的婚姻，仔细审视婚姻中的自己，以充满欣赏的目光，去看与你同甘共苦的另一半，更要学会在清茶淡水中品出淡然的清香，学会在平淡的生活中品味婚姻的馨香。

女人有了外遇，要和丈夫离婚。丈夫不同意，女人便整天吵吵闹闹。无奈之下，丈夫只好答应妻子的要求。不过，离婚前，他想见见妻子的男朋友，妻子满口应承。第二天一大早，便把一个高大英俊的中年人带回家来。

女人本以为丈夫一见到自己的男朋友必定气势汹汹的讨伐。可丈夫没有，他很有风度的和男人握了握手。之后，他说他很想和她的男朋友交谈一下，希望妻子回避一会儿。女人遵从了丈夫的建议。站在门外，女人心里七上八下，生怕两个男人在屋内打起来。事实证明，她的担心完全是多余的。几分钟后，两个男人相安无事地走了出来。

送男友回家的路上，女人禁不住询问：“我丈夫和你谈了些什么？是不是说我的坏话？”男友一听，止住了脚步，他惋惜地摇摇头说：“你太不了解你丈夫了，就像我不了解你一样！”女人听完连忙申辩道：“我怎么不了解他，他木讷，缺乏情趣，家庭保姆似的简直不像个男人。”

"你既然这么了解他，你应该知道他跟我说了些什么？"

"说了些什么？"

"他说你心脏不好，但易暴易怒，叫我结婚后凡事顺着你；他说你胃不好，但又喜欢吃辣椒，叮嘱我今后劝你少吃一点辣椒。"

"就这些？"女人有点惊讶。

"就这些，没别的。"

听完，女人慢慢低下了头。男友走上前，抚摸着女人的头发，语重心长地说："你丈夫是个好男人，他比我心胸开阔。回去吧，他才是真正值得你依恋的人，他比我更懂得怎样爱你。"

说完，男友转过身，毅然离去。

说起婚姻中的"幸福"，其实就是一种心态与感觉，是由婚姻中的无数感动堆积而成，而无数感动则是由无数包容串起来的珍贵记忆。这种感动和记忆，都会珍藏在夫妻双方的心里，如同花粉存在蜂房里，有朝一日自会酿出芬芳的蜂蜜。

爱人之间需要信任和包容

真正成熟的爱是要让对方快乐、自由，让对方觉得被尊重、被信任、被关心，也只有这样的爱才能天长地久。

情人之间最重要的是相互信任和包容，但是为什么会有那么多的人会在对方不知情的情况下，听某某人说：你的男朋友和一个女生在逛街，你的妻子在和一个男人聊天……便大动肝火，不分青红皂白，斥责对方呢？这种不信任实际上就是建立在不尊重对方的基础上的；而最常见的就是常常会在对方告诉你一件事后，而你却说类似于“是吗？你在说谎”之类的不相信他(她)的话。其实这些话很伤人，然而伤害不是一天造成的，当伤口越来越大，痛越来越深时，也就是结束这段感情的时候了。

李清和张鑫毕业不到一年就迫不及待地结了婚，结婚后参加工作不到两年，张鑫就随大流卷入了下岗大潮。贫贱夫妻百事哀，小两口昨日的甜蜜恩爱被日常柴米油盐的平凡琐碎所替代。现实冲击着梦想，一直颇有艺术创造细胞的张鑫发现自己对美容美发特有兴趣，便毅然辞职到某知名学校参加培训。命运出现了转折，表现出色的张鑫被学校看中，特例被校方聘为管理层负责人。不到两年，张鑫便已成为该校的高层主管了。

在美容美发这个行业，年轻甜美的女孩让人目不暇接。张鑫事业的春风得意自然会吸引不少怀春少女，更何况在那美女如云的场所。但张鑫的原则性很强，他并不为这些所动。

张鑫说，他和李清曾是那样地深爱着对方，或许爱得越深越怕失去对方，自幼任性的李清并不理解、信任张鑫，她经常捕风捉影地到他的工作场所闹事，这深深伤害了张鑫的自尊。误解加深，张鑫不想作太多的解释，选择了逃离。

张鑫在离婚证上签完字的那天，李清在民政局门口哭得梨花带雨不肯离去。

张鑫只是伤感地对她说了一句："爱需要包容，需要信任，需要理解，好好改一改你的任性吧。"然后把李清塞进的士付好钱，便一个人走开了。

自己心爱的女人对自己的不信任和不包容，这深深地伤害了张鑫的自尊，这让他对自己的未来充满困惑。张鑫用很长的一段时间才让自己走出情感低谷。

离异后专注于事业的张鑫成熟了不少，对人生对社会也有了更深一层的理解和认识。

张鑫已不是当年意气风发的毛躁男孩了。后来，张鑫也曾和几个女孩交往过，可往往都是因对方介意他的过去而被张鑫毫不客气地踢出局。他要等待一个能理解、包容、信任自己的人。

爱一个人要做到让对方自由、快乐，感到有安全感，而不是让对方觉得有压力，这才是成熟的爱。

有一副对联是这样写的："说你行，你就行，不行也行；说不行，就不行，行也不行。""说你行，你就行"，有了信任，我们自然也就有了信心。

当然，信任不是独立的，信任必须与包容形影相随，否则，信任就缺乏根基。人非圣贤，孰能无过？一有过失，就备加防范，就悲观地认为这是人的本质，这是不公正的。世界上还有什么比被人信任、得到人的包容和尊重更能唤起人的热情，唤起人的自尊，更加让人难忘的呢？

给人以信任需要智慧，给人以包容需要胆略，给人以信任需要胸怀，给人以包容需要勇气和执著。

宽容就是为爱低头

走在一起的两个人，个性完全不同，所以婚姻中总会出现各式各样的摩擦，夫妻之间也一直矛盾不停，麻烦不断。琐碎的事情是最折磨人的，稍微处理不当，就可能引发更大的麻烦，甚至可能会影响到正常的婚姻生活。

其实，夫妻之间的问题很多都是因为彼此都不愿意让步，不愿意先向对方低头，所以才将问题越积累越多，到了最后陷入了无法挽回的地步。所以，如果真正爱对方，想要跟对方一起幸福地生活下去，就要先学会向对方低头。

1983年的冬天，一对夫妇的婚姻正濒于破裂的边缘。为了重新找回昔日的爱情，他们打算做一次浪漫之旅，如果能找回就继续生活，如果不能就友好分手。他们来到加拿大魁北克的一条南北走向的山谷。这个山谷没有什么特别之处，唯一能够引起人们注意的是它的西坡长满了松、柏、女贞等树，而东坡只有雪松。这一奇异景观是个谜，许多地质学家一再对其进行研究，都一直没有令人满意的结论。

晚上，突然下起了大雪。这对夫妇支起了帐篷，望着满天飞舞的大雪，发现由于特殊的风向，东坡的雪总比西坡的雪来得大，来得密。不一会儿，雪松上就落了厚厚的一层雪。不过当雪积到一定的程度，雪松那富有弹性的枝丫就会向下弯曲，直到雪从枝上滑落。这样反复地积，反复地弯，反复地落，雪松完好无损。可其他的树因没有这个本领，树枝被压断了。西坡由于雪小，总有些树挺了过来，所以西坡除了雪松，还有松、柏和女贞之类。

帐篷中的妻子发现了这一景观，对丈夫说："东坡肯定也长过杂树，只是不会弯曲才被大雪摧毁了。"丈夫点头称是。少顷，两人像突然明白了什么似的，紧紧地拥抱在一起。

对于婚姻的压力要尽可能地去承受，在承受不了的时候，学会弯曲一下，像雪松一样让一步，这样就不会被压垮。婚姻中，不要总是去苛求对方做到完美，因为你也不是完美的，向他(她)低一下头，你们的婚姻就会自有一番风景。

在中国，大男子主义的作风成为爱情婚姻中一道不和谐的音符。很多男人都觉得自己任何做法都是无可挑剔的，所以若是和妻子发生争执，那也必须是妻子先低头，不然自己就太没面子。可是妻子也会有自己的委屈，她们也在希望丈夫能够给予理解。这个时候，如果相互之间没有一个人肯低头认错，那么无疑会让僵持的氛围一直延续。时间长了，自然会影响夫妻之间的感情。

当然，在现实生活中，不理解丈夫的妻子也大有人在。他们只是一味追求家庭幸福、夫妻美满，沉醉于卿卿我我的夫妻生活中，对丈夫一心想干好事业的思想不怎么理解，对丈夫的兢兢业业为事业操劳的行动不理解，埋怨丈夫回家晚，埋怨丈夫不干家务活，甚至同丈夫吵架，不体谅丈夫，使丈夫的精力不能集中。做妻子的要知道，有的丈夫之所以那么钟爱自己的妻子，就是因为他感到妻子很理解自己，体谅自己，支持自己。有的丈夫说："最了解我的是妻子，最支持我的也是妻子。"

生活中，我们已经活得很累了，不管是男人还是女人，都不容易，当感受到对方已经身心疲惫的时候，就应该低下头去，握住对方的手，让自己的体贴温暖对方，保护对方。虽然有时候，问题的发生并不是我们故意的，或者导致矛盾的产生，也不完全是我们的错，但是能够在对方疲惫的时候，给予一点体贴和谅解，才能更加温暖彼此脆弱的心。

友情如水，宽容如杯

哲人说，没有宽容就没有友谊，没有善待就没有朋友。宽容和理解是一种力量，是朋友之间的桥梁和阳光。

有这样一个故事。

在第二次世界大战期间，一支部队在森林中与敌军相遇，发生激战。最后两名来自同一个小镇的战士与部队失去了联系。两人在森林中艰难跋涉，互相鼓励、安慰。半个月过去了，他们仍未与部队联系上，幸运的是，他们打死了一只鹿，依靠鹿肉又可以艰难度过几日了。然而，这以后他们再也没看到可食用的动物。仅剩下的一些鹿肉，背在年轻战士的身上。

这一天他们在森林中遇到了敌人，经过再一次激战，两人巧妙地避开了敌人。就在他们自以为已安全时，只听到一声枪响，走在前面的年轻战士中了一枪，幸亏打在肩膀上。后面的战友惶恐地跑了过来，他害怕得语无伦次，抱起战友的身体泪流不止，赶忙把自己的衬衣撕下包扎战友的伤口。

到了晚上，未受伤的战士一直念叨着母亲，两眼直勾勾地。两人都以为他们的生命即将结束，身边的鹿肉却谁也没动。天亮后，部队救出了他们。

30年过去了，那位受伤的战士说："我知道谁开的那一枪，他就是我的战友。他去年去世了。在他抱住我时，我碰到了他发热的枪管，但当晚我就宽恕了他。我知道他想独吞我身上背的鹿肉活下来，但我也知道他活下来是为了他的母亲。30年了，我装着根本不知道此事，也从不提及。

战争太残酷了，他母亲还是没有等到他回来，我和他一起祭奠了老人家。他跪下来，请求我原谅他，我没让他说下去。我们又做了二十几年的朋友，我没有理由不宽恕他。”

一个人拥有宽容，生命就会多一份空间，多一份爱心。朋友难免有缺陷和过错，理解、宽容是解除痛苦和矛盾的最佳良药，宽容能升华友谊，使之更高洁、更纯净。

也许生活中确实存在很多矛盾和困难，物价上涨、住房拥挤、人际关系紧张，还有这个“难”那个“难”，真让人有点儿喘不过气来。诅咒、谩骂、生闷气都无济于事，倒会给疲惫的身躯增加几分负担。

只要冷静观察，就会发现，人们的生活本来就是苦、辣、酸、甜、咸五味俱全。在生活中，看不惯的很多，理解不了的也很多，失望的也很多。但人的能力毕竟是有限的，愤世嫉俗不会改变事态的发展，不会使关系缓和。

所以，我们要学会让自己保持一种恬淡的心态，去做自己应该做的事情。整日为一些闲言碎语、磕磕碰碰的事情郁闷、恼火、生气，总去找人诉说，与对方辩解，甚至总想变本加厉地去报复，这将会贻误自己的事业，失去许多美好的东西。

要想在这个社会中活得舒心、自在一些，就必须抛开计较的狭窄心胸，对于世事多一些豁达大度，笑对人生。有时一个微笑、一句幽默的话就能化解人与人之间的怨恨和矛盾，填平感情的沟壑。

所以，宽容是对别人的谅解，对自己的考验。为人宽容，我们就能解人之难，补人之过，扬人之长，谅人之短，从而赢得永久的友谊。

宽容见证友谊

因为对于现实世界的理想化，我们也会希望自己的朋友是完美的。可是，世上不会有十全十美的人，我们的朋友也会有各种各样的缺点和不足。如果看到别人的不足之处却不能给予宽容和接纳，而是在苛刻的要求中希望改变别人，或者干脆跟他们断交，那么我们可能永远都不会交到好朋友。

与朋友相处，看到了对方身上的缺点，如果在提醒之后能够改正的，我们应该及时地向对方告知。一些没有办法弥补的缺憾，或者是性格方面的不足，我们应该宽容的对待，即使是自己看不惯，为了朋友着想，也应该保留自己的态度。

驰名于世的《包法利夫人》的作者是19世纪法国批判现实主义作家福楼拜，他的家当时在摩里略镇，是同时代法国作家龚古尔、都德、莫泊桑、梅里美等利用星期日经常聚会、讨论的地方。

后来，福楼拜家的客厅里又多了一个新面孔，他就是被称为“小说家中的小说家”的屠格涅夫。他的小说语言纯净优美，结构简洁严密，作品充满诗意的氛围和淡淡的哀愁，给人无尽回味。《最后一课》的作者都德见到了侨居法国的屠格涅夫后，向他倾诉了自己对他的才华、人品的无限仰慕及对《猎人笔记》的高度赞赏。

自此，二人结下了深厚的友谊。然而，屠格涅夫并不因为他们之间的友谊而改变他对都德著作的评价。在他看来，都德是他们圈子里“最低能的一个”，但他只把这个看法作为内心的一个秘密写进心爱的日记里。

1833年，屠格涅夫因脊髓癌病逝了。当都德无意间发现了这个秘密时，感到万分意外，就像迎头挨了一记闷棍似的，他感慨地说："我始终记得他在我的家里，在我的餐桌上，怎样温柔热情地吻着我的孩子们的事，我还收藏着他写给我的无数亲切可爱的信件。但在他的那种和蔼的微笑下却隐藏着这样的意念。天哪！人生是怎样的奇怪，希腊人的所谓'冷酷'两字是多么的真实！"

这种友情的幻灭当然使都德很伤心，但在屠格涅夫方面，却并无他的不是处。因为他将友情和作品分离了，他对都德，甚至对他的孩子有友情，但是不满意他的作品，所以才在日记里说出那样的话，如果不是为了友谊，屠格涅夫也许当面就向都德说了。这样一来，都德早就和屠格涅夫绝交，也不至于有死后这样的幻灭了。

交朋友要怀有一颗平常心。交朋友不论尊卑贵贱，只要志同道合即好。而且，朋友也无高低贵贱之分，任何一个以势利眼去衡量他人的人，其结果只是证明他的肤浅无知。

伟大人物身边不乏崇拜者。崇拜者就是崇拜者，在偶像面前崇拜者总是跪着，尽管他的双手捧着自己的一颗心。大人物在打量这颗心的时候，同时把自己的心重重包裹起来。这就是许多大人物找不到知音，孤独寂寞，小人物自卑自馁，收获不了友谊的症结所在。

由此可见，交朋友，不需要多么十全十美，只要全心全意，友谊总是真诚的见证。

第六章
大智若愚，心宽之中尽享洒脱人生

古语云：大智若愚，大巧若拙。这句话的意思是拥有大智慧的人往往都表现很愚钝，身手很灵敏的人往往都表现的很笨拙。没有人期望愚蠢呆笨，但是愚和智从来都是相对存在的，而且可以相互转化，其中的分寸把握充分体现着人生的智慧。在人的一生中，能够立自身根基的事不外乎两件：一件是做人，一件是做事。的确，做人之难，难于从躁动的情绪和欲望中稳定心态；成事之难，难于从纷乱的矛盾和利益的交织中理出头绪。而最能促进自己、发展自己和成就自己的人生之道便是：低调做人，高调做事，这是一个人成就大事的最起码的前提。

用"守拙"诠释洒脱境界

英国19世纪政治家查士德斐尔爵士曾对他的儿子作过这样的教导："要比别人聪明，但不要告诉人家你比他更聪明。"

古希腊哲学家苏格拉底更是在雅典一再地告诫他的门徒："你只知道一件事，就是你一无所知。""不要告诉人家你比他更聪明"，也就是中国人常说的"守拙"，它是一种掩饰自己、保护自己、积蓄力量、等候时机的人生韬略，经常在敌对斗争中使用。

"不要告诉人家你比他更聪明"，这种韬略还可用来维持与改善同他人的关系，特别是当你发现了他人的错误而又不能不指出时，使用这一策略尤其重要。

因为无论你采取什么方式直接指出别人的错误：一个蔑视的眼神，一种不满的腔调，一个不耐烦的手势，都有可能带来难堪的后果。因为这等于说："我会使你改变看法，我比你更聪明。"这等于否定了他的智慧和判断力，打击了他的荣耀和自尊心，同时还伤害了他的感情。他非但不会改变自己的看法，还要进行反击，这时，即使搬出所有的权威理论和所有的铁的事实也无济于事。为什么要给自己增加困难呢？

因此，在指出别人错误的时候，"不要告诉人家你比他更聪明"。

著名科学家波尔就是这样一位极其尊重他人但又非常坚持真理的人。当他对别人的观点提出不同意见时，他常常预先声明："这不是为了批评，而是为了学习。"这句话后来成为一句名言被人印在一期物理杂志的封面上，作为献给波尔的生日礼物。

一次，有人发表学术演讲，效果非常糟糕，波尔也认为这个演讲"完全是瞎扯”，但他仍然热情地对演讲者说：“我们同意你观点的程度，也许比你所想象的还要大！”波尔同爱因斯坦展开过一场为期近30年的学术大争论，两人的观点完全相对立，但爱因斯坦认为，在反对他的观点的阵营中，波尔是最接近于公正地处理他所代表的学术观点的人。

波尔的这种态度及他在为人方面的其他杰出表现，不但有助于他取得巨大的学术与教育成就，而且使他深受人们爱戴，使他的为人往往比他的科学教育成就更为人们所仰慕和歌颂。有人把他称为“从天而降的佛祖”，有人颂扬他“与太阳神阿波罗的形象同辉”！

他在自传中说：“我立下一条规矩，决不正面反对别人的意思，也不让自己武断。我甚至不准自己表达文字上或语言上过分肯定的意见。我决不用‘当然’、‘无疑’这类词，而是用‘我想’，‘我假设’或‘我想象’。当有人向我陈述一件我所不以为然的事情时，我决不立刻驳斥他，或立即指出他的错误；我会在回答的时候，表示在某些条件和情况下他的意见没有错，但目前来看好像稍有不同。我很快就看见了收获。凡是我参与的谈话，气氛变得融洽多了。我以谦虚的态度表达自己的意见，不但容易被人接受，冲突也减少了。我最初这么做时，确实感到困难，但久而久之，就养成了习惯，也许，50年来，没有人再听到我讲过太武断的话。这种习惯，使我提交的新法案能够得到同胞的重视。尽管我不善于辞令，更谈不上雄辩，遣词用字也很迟钝，有时还会说错话，但一般来说，我的意见还是得到了广泛的支持。”

有的人为了显示自己的聪明而炫耀，这样的结果却给自己招来了祸端。

公元前131年，罗马执政官马西努斯围攻希腊城堡，需要用撞墙槌攻破城门。他以前看到过雅典船坞里有两支沉甸甸的船桅，便下令将其中较大的一支立刻送来。

接到命令的军械师认为，较短的一支更容易把墙撞开，于是军械师自作聪明，坚持把较短的桅杆送了过去。他深信执政官一定会因为他阻止了一个错误的决定而赏赐他。

短桅杆运抵战场后，马西努斯非常生气，军械师却没有发觉，仍然很高兴地向马西努斯解释送来短桅杆的原因。他滔滔不绝，并表示在这些事情上听取专家的意见才是明智的，攻城时采用他送来的撞墙槌一定最有效。等他说完，马西努斯当着全体士兵的面剥光了他的衣服，用鞭子活活把他打死了。

这名军械师是专家，被推崇为最好的技师。他知道自己是对的，较短的撞墙槌速度比较快，力量也比较强，但是马西努斯不了解这些——他肯定不会承认自己是错误的。波尔和军械师的事例让我们明白两种态度所带来的后果，孰优孰劣，一看便知。

“难得糊涂”的真境界

“聪明易，糊涂难，由聪明转入糊涂更难”，郑板桥曾说过上面的话。确实，糊涂的固然糊涂，但聪明人会装糊涂，那才是有智慧的人，而装糊涂对把握自己的命运有时起着妙不可言的作用。

老楚王病亡，楚庄王即位，这时楚国奸臣当道，朝中小人盛行，国力衰微。原以为楚庄王即位后能一扫颓废之气，重振楚国昔日雄风，不料，他却不思进取，不理朝政，每日饮酒作乐，与美女享乐，一晃便是三年。三年来，忠臣有的当面写书劝谏，被他斥责后仍铮谏不止，一个大臣当面问他：“山中有一只大鸟。在窝中不飞不鸣，不知那是什么鸟”，他回答说：“三年不飞，一飞冲天，三年不鸣，一鸣惊人。”于是一改过去颓靡之态，三年来朝中大臣谁忠谁奸，哪个贤哪个佞他已观察得清清楚楚，于是亲贤臣，远小人，励图精治，楚国风气为之一改，不久国家就强盛起来了。

无独有偶，明代况钟也是用装糊涂的办法治理好苏州的。

明代时，况钟最初以小吏的低微身份追随尚书吕震左右。况钟虽是小吏，但头脑精明，办事忠诚。吕震十分欣赏他的才能，推荐他当主管，升郎中，最后出任苏州知府。

初到苏州，况钟假装对政务一窍不通，凡事问这问那。府里的小吏们怀抱公文，个个围着况钟转悠，请他批示。况钟佯装不知，瞻前顾后地询问小吏，小吏说可行就批准，小吏说不行就不批准，一切听从部属的安排。这样一来，许多官吏乐得手舞足蹈，个个眉开眼笑，说况钟是个大笨蛋。

过了三天，况钟召集全府上下官员，一改往日温柔愚笨之态，大声责骂道："你们这些人中，有许多奸佞之徒，某某事可行，他却阻止我去办；某某事不可行，他则怂恿我，以为我是个糊涂虫，耍弄我，实在太可恶了！"况钟下令，将其中的几个小吏捆绑起来一顿狠揍，鞭挞后扔到街上。

此举使余下的几个部属心惊胆战，原来知府大人心里明亮着呢！个个一改拖拉、懒散的样子，积极地工作，从此苏州得到大治，百姓安居乐业。

俗话说："当局者迷，旁观者清"，楚庄王和况钟都是先装糊涂，把自己置于旁观者的位置冷眼细看，看清楚之后心中有数，做事就可以很主动了。如一开初，两人都显出非常精明的样子来，只怕别人对他们都会有防范之心，从而在他们面前小心翼翼地掩盖自己的短处，表现自己的长处，恐怕很长时间也分不清孰优孰劣了。

"试玉需烧三月满，辨才需待七年期"，如果这样考察下去，费时费力，还影响了自己的工作，不如让人自己表现自己的本质来，你只要装糊涂看就行了，"大辨若纳，大巧若拙，大智若愚"的妙用很多。

历史上，真正达到板桥先生"难得糊涂"的境界的还是大有人在的。如南宋文学家苏东坡，他本是一个博学正直的乐天派，可偏偏不为当权派所容，一生被贬。东坡居士有首名诗："人皆养子望聪明，我被聪明误一生。唯愿孩儿愚且鲁，无灾无难到公卿。"但是，他的"难得糊涂"恐怕是因为现实的太多不如意，而产生的无奈之感。

现实人生确实有许多事不能太认真、太较劲。特别涉及人际关系的事情，因为这类事情通常是错综复杂。如果太认真，不是扯着胳臂，就是动了筋骨，越搞越复杂，越搅越乱。顺其自然，装一次糊涂，不丧失原则和人格；或者为了公众、为了长远，哪怕暂时忍一忍，受点委屈，也值得。

“难得糊涂”并不是真的糊涂，而是将事情看得清清楚楚、明明白白，只是出于某种原因，不便于直截了当，而采取的战术。确实，在生活或工作中，并不是什么时候都需要表达得明明白白。在某些特定的场合，出于某种特别的考虑，说得含糊一点儿效果反而会更好。

清朝的嘉庆皇帝，登位后对前代留下的一些遗留问题进行清理，还准备破格提拔几位曾为父王作过贡献却被奸臣排挤、打击的官员。但是，这破格提拔的事在清朝尚无先例，群臣反应不一。嘉庆拿不定主意，便问老臣纪昀。纪昀沉吟良久，说：“陛下，老臣承蒙先帝器重，做官已数十年了。从政，从未有人敢以重金贿赂我；为了撰文著述，也不收厚礼，什么原因呢？这只是因为我不谋私、不贪财。但是，有一样例外，若是亲友有丧，要求老臣为之点主或作墓志铭，他们所馈赠的礼金，不论多少厚薄，老臣是从不拒绝的。”

嘉庆听完纪昀一席话感到莫名其妙，进而想一想，才点头称许，于是定下破格提拔这批官员的决心。

其中是何原因，原来纪昀用模糊之法，提出自己赞成皇上应该放下包袱，大胆去做自己想做的事的建议。纪昀的这番话听起来言不及义，但细究起来里面大有文章。既然为官清廉，何以对亲友之丧事点主、作铭所得概不拒绝呢？为祖宗推恩无所顾忌之故也。您嘉庆皇帝破格提拔曾为先帝作过突出贡献的官员，本来也是为祖宗推恩，弘扬先帝的德化，还有什么顾忌的呢？这不正和我纪昀为别人点主、作铭不推却馈赠，好让死者的后人为死者尽孝的道理一样吗？嘉庆皇帝聪慧，哪能悟不出纪昀的话中之话呢？

纪昀为何如此含糊呢？他主要出于以下两种考虑。

其一，虽然建议破格提拔这些官员，但没明说，此意见倘若被采纳，是成是败，名义上自己都没有介入，皇帝也好，其他人也好，抓不着把柄。

其二，嘉庆皇帝秉性聪明，并且喜好自作主张。不说吧，自己的意见皇上不清楚，而且皇上会不高兴。倘若说白了，恐有教导皇帝、不自量力的忌讳，反而会起到负作用。不如用此模糊之法，让皇帝自己“悟”出道理来，既说出了自己的意见，又迎合了皇帝好自作主张的秉性。纪昀此举，真是一举两得的“糊涂”。

“难得糊涂”作为“牢骚气”，原本就是缘由“不公平”而发的。要想铲除世间不公、人事不公、待遇不公等各种不公是不可能完成的，那就只好举起这面“难得糊涂”的旗帜，为自己遮盖起心中的不平。当你直面现实，就要学笑容可掬的大肚弥勒佛，做到“笑天下可笑之人，容天下难容之事”，从而进入一种超然的境界。

适时装傻是一种极妙的智慧

大凡立身处世，是最需要聪明和智慧的，但聪明与智慧有时候却依赖糊涂才得以体现。聪明有大小之分，糊涂有真假之分，所谓小聪明大糊涂是真糊涂假智慧。而大聪明小糊涂乃假糊涂真智慧。所谓做人难得糊涂，适时怯愚正是极妙的处世良方。

美国前总统威尔逊小时候比较木讷，镇上很多人都喜欢和他开玩笑，或者戏弄他。一天，他的一个同学一只手拿着一美元，另一只手拿着五美分，问小威尔逊会选择拿哪一个。

威尔逊回答："我要五美分。"

"哈哈，他放着一美元不要，却要五美分。"同伴们哈哈大笑，四处传说着这个笑话。

许多人不信小威尔逊竟有这么傻，纷纷拿着钱来试。然而，屡试不爽，每次小威尔逊都回答"我要五美分。"整个学校都传遍了这个笑话，每天都有人用同样的方法愚弄他，然后笑呵呵地走开。

终于，他的老师有一天忍不住了，当面询问小威尔逊："难道你连一美元和五美分都分不清大小吗?"

"我当然知道。可是，我如果要了一美元的话，就没人愿意再来试了，那么我以后就连五美分也赚不到了。"

在现实生活中，智慧和聪明就像主人和仆人的关系。主人没有仆人的协助不行，会显得非常笨拙，缺乏效率。但是，再聪明的仆人还是仆人，他不可能是主人。仆人需要主人的方向，没有主人的仆人，等于失去了用处。因此，大家必须通过实践，去把聪明转变成智慧，并在智慧的基础上行动，从而能够事半功倍。

糊涂智慧可以成就幸福人生，能经受时间考验；聪明只能带来一时的成功，总有机关算尽的时候。当然，聪明不是错，更不是罪，关键是要用好自己的聪明，把聪明转化为智慧。这样，才能为自己的人生锦上添花，而不会让它成为美丽的泡沫。

“装傻”是一种人生境界，是聪明人所为；是那种明了一切却不点破的拈花微笑般的智慧。在现实生活中，不少人就用“装傻”的方法把生活中的事模糊处理得十分圆满。

说装傻不是真傻，在于一个“装”字，在这个“装”字上就可以大做文章了。如果装得让人看出来，就会适得其反，倒不如不装。只有装得自然，才会产生预想的效果。

若愚者，即似愚也，而非愚也。所以“若愚”只是一种表象，是一种策略，而不是真正的愚笨。在“若愚”的背后，隐含的是真正的大智慧、大学问。然而，真正具有大智慧、大聪明的人给别人的印象总是显得有点愚钝，因此才有了“大智若愚”这个带有很深的哲理意义的成语。

“大智若愚”，不是故意装傻，也不是故意装腔作势，更不是故意装作浅显无知，而是待人处事的一种方式、一种态度，即心平气和、遇乱不惧、宠辱不惊、含而不露、隐而不显。“聪明难，糊涂更难”，聪明是一种艺术，然而聪明过头反而会招致不必要的损失，所谓“聪明反被聪明误”即是此理。

“汉初三杰”之一萧何算是一个很精通儒家勤政、谦抑谨慎窍门的人了，侍奉杀了不少开国功臣的汉高祖刘邦多年而得以善终。

萧何在刘邦论功行赏时，被列为第一，许多将军都不服气。

后来，萧何当了宰相，一人之下，万人之上。不少人都登门向他道贺，唯有一个叫召平的人提醒萧何说：“你的灾祸可能会从此发生。现在皇上离开京城，率兵打仗去了，增封你为宰相，掌握护卫兵，一方面是为了讨好你；另一方面也是为了警戒你。如果你现在辞退增封，献出自家的财产作军费，皇上一定会很高兴，也会减少心中的疑虑。”

萧何觉得是这个理儿，于是便把自己的子弟送到军中作战，同时，还把自家的财产捐作军费，刘邦果然很高兴。

英布叛变的时候，高祖也是带兵亲自去讨伐。留在后方的萧何则勤勤恳恳，全力抚慰百姓，巩固民心。有人见他这样投入，非常担心，就劝他说：“相国小心一家人遭杀身之祸啊！自从你入关十多年来，收揽民心，人们打心眼里敬重你，陛下知道你是众望所归，所以常常派人打听你的动向，唯恐你忘恩负义背叛他。你如果想保全家人的性命就要破坏形象，把声望压下来，才能让陛下安心。”

萧何仔细一想真是这么回事，便大肆没收百姓土地，扰民、乱民。百姓怨声载道，萧何的威信当然也下降了。萧何还故意在小事情上斤斤计较，贪图小利，使刘邦看到他胸无大志而放心。

历史上能做到萧何这等难得糊涂的有几人。世事无常，过犹不及。你封侯拜相也好，做了君王当了皇帝也好，谁也不敢保证你会永远辉煌，永远平安。无常的世事可能随时惊醒你的美梦，早上你为王为侯为相，难保不到晚上就被打入大牢或早已身首异处了呢！

“装傻”是一种境界，并不是谁都能达到的。除非具备了相当旷达的品性，你才能达到那种境界。

装傻不等于真傻。有很多外表看上去很聪明，做事也很精明的人实际上是真傻，因为他已把自己的优劣长短暴露得一览无余。装傻的人实际上很多是极聪明的。尽管他们也许比那些公认的聪明者不知要高明多少倍，但他们深知不必要的锋芒毕露有害无益，因此也就深藏起自己，装起傻来。所谓“大智若愚，大巧若拙”就是此理。

雅量，活出来的境界

古语云“成王败寇”，又云“不以成败论英雄”。我们的人生要成功，也要做英雄，而雅量是必需的。大器量，天高地阔，宽胸怀，义永情长，只有宽宏大量，才能高瞻远瞩。

胡雪岩出生的时候，父亲是个小官吏，可是后来因公殉职了，从此他家的生活水平就只能在温饱线上徘徊。

在胡雪岩的家乡，胡氏是一个大家族，以前有过做大官的人，可是到了胡雪岩父亲这一辈时，开始没落了。族长曾经把希望寄托在胡雪岩的父亲身上，可是还没有升职，人先死了，这让族人的希望落空了。于是，他们将所有的怒火一并发泄到胡雪岩母子的身上，所以胡雪岩几乎是在族人的冷嘲热讽和白眼之下长大的。

后来，尽管胡雪岩跟随张老板离开了家乡，但是族人依然看笑话似的，不指望胡雪岩能够有什么大出息。在他们的眼里，胡雪岩的父亲读了那么多年的书，都没能做成大官，胡雪岩是一天书都没有好好读的人，怎么可能干成大事？再者，人们受到了封建思想的影响，觉得胡雪岩的母亲克死了丈夫，必然是没有福的人。在这样一个没福之人的身边长大，胡雪岩自然也不会大富大贵。

也许是从小就经受了过多的打击，冷嘲热讽对于胡雪岩而言，是再普通不过的事情，所以无论族人说什么，胡雪岩该怎么做事还怎么做事，丝毫不受影响。其实很多时候就是这样，你越在意别人的话，别人就说得越快乐。如果干脆不理，他们自然就没兴致了。几经辗转，胡雪岩来到了阜康钱庄，在这里做个“跑街”的。此时的胡雪岩，心里变得越来越 “不安分”了。他想要干出一番事业来，所以每天都在学算盘，为以后做积累。见他没事就摆弄算盘，钱庄的“大伙”张胖子看不下去了，说：“一个臭跑街的，还以为自己是掌柜的呢！你学那个有什么用？只怕是到了棺材里，那个算盘也派不上用场。”

怕胡雪岩心里不好受，师兄们偷偷过来安慰他，可是他说：“男儿立世，哪里有一帆风顺的，做得不好，被人笑笑也无妨。”

几年以后，胡雪岩接手阜康钱庄，当年的“大伙”张胖子，早已转到信和钱庄去做事了。师兄们很想让胡雪岩去信和钱庄找张胖子理论，让他看看当年的算盘派没派上用场，可是胡雪岩一笑置之，不想跟张胖子计较。

胡雪岩心想，每天都要发生那么多的事情，如果每件事情都要计较，那么可能就没有时间去经营自己的事业了。而且，嘴巴长在别人的脸上，别人说什么，自己管不着，只要自己不以为意，别人爱怎么说那是他的自由。

没错，我们管不了别人说什么，但是只要我们不在意，那么说与不说，对我们而言也没有多大差别。可是，如果我们因为听到了一点别人的议论就心怀怨恨，那么我们很可能为了报复别人而浪费了自己许多宝贵的时间，也错过了很多做大事的机会。

人生中，雅量意味着胸怀、风度和气质，它是斤斤计较、心胸狭窄的天敌，它对有意或是无意间的伤害是宽厚，对敌意的攻击是忍让。有雅量的人对人对事看得开、想得开，不会计较生活中的得失。朱德同志有诗：“腹中天地阔，常有渡人船。”法国作家雨果说：“世界上最宽阔的东西是海洋，比海洋更宽阔的是天空，比天空更宽阔的是人的胸怀。” 一个人胸怀宽广，就会站得高、看得远，就会宽待他人、善待他人。有了这样的雅量，对于别人对自己的误解、偏见，乃至讽刺、挖苦、谩骂等就会统统不放在心里，更不会为此愁肠百结、郁愤难平、伺机报复，这样的人就会使人感到可亲、可敬、可佩。

一位名人曾说“如果他能从这扇门望见日出的美景，你又何必要他走向那扇窗去聆听鸟鸣呢？你听你的鸟鸣，他看他的日出，彼此都会有等量的美的感受。人与人偶有摩擦，往往都是由于缺乏雅量的缘故。因此，为了减少摩擦，增进和谐，我们必须努力培养雅量。”

雅量，不是看破红尘、心灰意冷，也不是与世无争、随波逐流，而是一种修养、一种境界。只有拥有雅量的人才真正懂得善待自己、善待别人，人生才会活出大境界。

知足常乐，无事心自宽

家住青岛浮山后二小区的于女士今年快70岁了，早已经步入老年人的行列，可在她104岁的母亲薛从美的眼里，她还不过是个孩子。

104岁的母亲至今耳不聋、眼不花，行动利索，周围的老人很是羡慕。说起母亲的长寿秘诀，于女士说："母亲常常教育我，做人要心胸豁达，知足常乐。

"母亲生长在清朝末年的一个小村庄，什么样的苦都吃过，如今过上好日子，她常常感叹，'我现在多活一天，就是赚一天'，她挺满足现在的生活，知足常乐。说到母亲的长寿秘诀，就一点，心胸豁达，不管遇到什么难事，她都能主动去解决。

"母亲还很乐意帮助别人，以前再怎么穷，邻居需要帮忙她都会尽力。现在在老年公寓，其他老人要是碰上不开心的事，她都会过去劝劝。她经常这样劝：'共产党给咱机会，有这么好的地方住着，有人照顾着，每个月还给工资(退休金)，很好了，其他的什么也不用管了，好好活着就行。"

"好好活着就行"，平淡无奇的一句话，却道出了一位104岁老人的长寿心经。心是人体中五脏六腑的主要器官之一，是人情绪的控制总台，它每时每刻都在不停地工作着。如果一个人的心脏停止了工作，那么这个人的生命也就基本上走到了尽头。因此，心跳是人生命的动力源泉。

要保持一个人的心脏能够正常工作，就必须经常去保护它、爱护它，保证人体心脏的正常工作机能，这是唯一的方法和手段。否则，破坏了心脏的功能将会缩短人的寿命期限。

如何才能保护心脏的功能不会衰竭，并使其能够发挥正常的作用呢?最简单和最有效的方法，就是放宽心，俗话说得好：“心宽体胖，活得健壮，没心没肺，活得不累；与世无争，活得轻松。”总之，心宽才能长寿，长寿才能幸福。

什么是心宽？心宽就是指一个人的心境要宽大无比，能够包罗万象，内心装得下整个世界。做人要心胸开阔，能容纳各种矛盾，要宽宏大量，能装得下一切，能包容一切。就像宇宙一样，能够包容和承受所有不同大小行星的存在，包括太阳、月亮、地球，还有许许多多的各种不同质量的大小星系等等，所有的存在都是一个完整的天体。这就是包容和宽容。

做人首先要学会包容、宽容、忍让，用知识和头脑去理解、容纳不同的人或事，要大度待人，能够承担或承受他人的存在，不要做与人为敌的事情，更不要去制造矛盾和事端，多与人沟通、交流、对话、磨合，互助互利，互补互惠，更要相互信任、相互尊重，把别人的事情当做是自己的事情来对待，积极想办法去处理好。不要萌生或存在“气人有，笑人无”的心态，显得小肚鸡肠，没有一点长者的慈善胸怀。要学会做人，拥有与人为善、与人为美的高贵品质，处理好与他人之间的关系，要“以助人为快乐，以善待他人为己任”，做一个品德高尚、心中无瑕、更加完美的人。

人要幸福长寿，就要树立共生、共存、共发展的思想理念，营造开心、心宽、宽容、和谐这样一个完美无缺的生活环境和生活气息，让我们的地球变成一个没有邪恶，只有和善的地球村。到那时，人们都快乐祥和，幸福安康。

予人佳酿，馈我酒香

对他人予以体谅和宽容，可以在他人最艰难的时候给予最大程度的鼓励与慰藉。

一日去医院输液，看见一名小护士正满脸通红地为一位大爷扎着针。但扎了两次都没有扎进去，大爷的手臂上泛起了青包，而他却仍是微笑地看着小护士，并轻声地安慰她说："不要急。"终于在第三针的时候，小护士把针给扎了进去。满头大汗的小护士满脸歉意的说："我是刚来实习的，要不是您这么宽容，我真的不敢再下手了。"大爷只是微微地笑着，眼角泛着温柔。

看到此，我们不禁佩服老大爷的豁达。假如这件事发生在我们身上，恐怕早就吵着要换一个技术精湛的护士了。我们也可以想像那小护士的样子，或许她会满含眼泪默默地走开，或许她就会一辈子害怕给别人扎针，她也可能成不了一个好护士。

其实，生活在尘世中，没有人不犯错误，也没有人生下来就是天才，更没有人永远都是强者。就如我们无法挣脱岁月的蹉跎一样，我们不可避免地在生活中遇到一些烦心事，那时我们迫切渴望别人的理解和帮助；我们也不可避免地在一些小事上犯错误，那时我们迫切渴望别人能给予支持和成全。就如《曾子》所言：人非人不济，马非马不走。而只有在他人的帮助和支持下，我们才会较快地走出生活的困境，才能飞速奔向成功的终点。

回望我们生活的社会中，茫茫人海，在生命中的匆匆过客有不少。但是人们却不曾忘记留下自己的一份爱，一份帮助。他们的帮助尽管很渺小，但却让每一位受助之人如沐春风，或许这就是爱的魔力，人类最无私的美丽，它让这个世界远离浑浊，走向光明。曾经听说过这么一个故事。

有位医生赶着去给一位儿童进行抢救，行至半路，竟发现路前方有一条深沟，他无法过去，于是他求助于路旁的一台推土机的司机。司机答应了，他为医生填好了深沟。医生一路飞奔，孩子终于得救了。在回去的路上，他感激地向那位司机道谢，“谢谢你，是你救了孩子一命。”不料，司机却说道：“我根本不知道那是我的孩子。”

成全别人，其实也是在成全自己。在成全别人的同时，我们不但能在内心产生一种由衷的幸福，而且也会受到他人的尊重。而我们的帮助也会像接力棒一样传递下去，在我们遇到困难和无助时，我们也会受到他人的成全，我们也能感受自己成全别人时的那种温暖。

生活是个万花筒，或许那繁琐小事早已将我们的心弄得疲惫不堪。但多一些将心比心，多一点成全别人，我们就会对老人生出一份尊重，对孩子怀有一份怜爱，就会对生活充满希望和追求。成全别人，会使人与人之间多一些宽容多一些理解，也会使我们这个社会充溢温馨的芳香。人生有限，在有限的生命里让我们把精力、情感留给最应该的人和事，否则，那是在荒芜我们的心灵，也是对生命能量的一种浪费。

予人佳酿，馈我酒香。

形醉而神不醉，外愚而内不愚

“形醉而神不醉，外愚而内不愚”的意思是说表面上看是糊涂，其实内心最清楚。这里的“糊涂”，并不是真糊涂，而是“假糊涂”，嘴里说的是“糊涂话”，脸上反映的是“糊涂的表情”，做的却是“明白事”。因此，这种“糊涂”是人们的一种包容、宽心的智慧，是另一种精明的表现形式，是适应复杂社会、复杂情景的一种高级、巧妙的方式。

电视剧《九品芝麻官》中，包龙星自幼家贫，但他有志要像先祖包公一样做个正大光明的清官。包龙星长大后，亲戚们出钱给他捐了个候补知县，是个九品芝麻官。包龙星看似懒散糊涂的外表下，却有着其他人难以企及的智慧，屡断奇案，深受百姓爱戴。这便是外表糊涂、内心清楚的生活智慧了。

对于一个内心本来很清楚的人来说，要其在表面上装糊涂，这确实是件很困难的事，非有大智慧者不容易办到。而做到了这一点，就是所谓的“清楚之糊涂”了，这跟老子所赞赏的“大智若愚”几乎如出一辙。

三国时期的司马懿，本来是个老谋深算、绝顶聪明的人，却总喜欢装糊涂。当年他在五丈原，凭借一套大智若愚、软磨硬泡的功夫，终于拖垮了老对手诸葛亮，居功至伟，在魏国也权倾一时。也正因为他功高震主，少不得引来同僚们的妒忌和魏帝的猜疑。

这种情况下，司马懿干脆装起糊涂来，以病重为由长期在家休假，给别人制造出一种他行将就木的假象。但是，他的政敌们还是不放心，便派了一个人以慰问病情为由刺探司马懿的虚实。司马懿干脆将计就计，真的装出一副日落西山、气息奄奄、病入膏肓的样子。在司马懿的精心策划下，来人果然被其蒙骗过关，回去报告说司马懿病势沉重，将不久于人世。于是，司马懿的政敌们终于放松了警惕。

同时，司马懿暗中培植羽翼、广罗亲信，神不知鬼不觉地让自己的两个儿子抓住了京师禁军大权。后来，瞅准了一个时机，发动了“高平陵之变”，几乎将曹家的势力一网打尽。至此，魏国军政大权尽数落在司马氏手中。

当一个人能充分运用糊涂学的技巧时，会有很多意想不到的收获，因此这也成为保全自己的手段。细数古今中外，在政治、军事、外交及管理上，其实都用得着“糊涂”的招数。对聪明人来说，正确的处世态度应该是什么呢？那就是“该清楚时就清楚，该糊涂时就糊涂，能包容就包容，只有这样才是上上策”。

很多时候，有些人是不肯装糊涂的，并能够拍着胸膛理直气壮地叫嚷：“我眼里不揉沙子。”他们不肯放过每一个可以显示自己聪明的机会，张口就是应该或不应该怎样，遇事总是喜欢先用一种标准来判断一下对与错，总想与人比个真假，争个高低，得理更不饶人，这其中的主要原因就是他不懂得“难得糊涂”的好处和道理。

在现实生活中，你可能会遇到一些一时难以处理、难以解决的矛盾和冲突，那么就可以借助于“故意的糊涂”，有意识地拖延时间、缓和矛盾、化解冲突，以便利用最佳时机解决问题。因此，这种“糊涂”实际上就是“明者远见于未萌，智者避危于无形”。

不痴不聋，不为家翁

不痴不聋，不为家翁的意思是说：作父母或公婆的，对儿子、儿媳、女儿、女婿的私事，应当少问、少管，要经常“装糊涂”，这样家中自会少生许多矛盾，做长辈的也就少了许多烦恼。换位思考一下，儿媳也应该“糊涂”一点，不能什么事情都较真儿，这样才能使婆媳关系融洽。

唐代宗时期，郭子仪在扫平安史之乱中战功显赫，成为复兴唐室的元勋。因此，唐代宗十分敬重他，并且将自己心爱的女儿升平公主嫁给郭子仪的儿子郭暧为妻。这小两口个性都很强，都自恃有老子做后台，互相不服软，因此免不了口角。

有一天，小两口又因为一点儿小事拌起嘴来，郭暧看见妻子摆出一副臭架子，根本不把他这个丈夫放在眼里，愤懑不平地说：“你有什么了不起的，就仗着你老子是皇帝！实话告诉你吧，你父亲的江山是我父亲打败了安禄山才保全的，我父亲因为瞧不起皇帝的宝座，所以才没当这个皇帝。”

在封建社会，皇帝是唯我独尊的，皇帝的地位是不可动摇的，如果任何人有想要当皇帝的念头，随时就有可能遭到满门抄斩之祸。升平公主听到郭暧竟敢出此狂言，一下子找到了出气的机会和把柄，立刻奔回宫中，向唐代宗报告了丈夫这番图谋造反的话。她满以为，皇父会因此重惩郭暧，替她出口气。

当唐代宗听完女儿的报告后，不动声色地说：“你是个孩子，有许多事你还不懂。我告诉你吧，你丈夫说的都是实情。天下是你公公郭子仪保全下来的，如果你公公想当皇帝，早就当上了，天下也早就不是咱李家所有的了。”并且，对女儿劝慰一番，让女儿不要抓住丈夫的一句话，乱扣“谋反”的大帽子，小两口要和和气气地过日子。在唐代宗的耐心劝解下，公主消了气，自己回到了郭家。

这件事很快被郭子仪听到了，可把他吓坏了。他觉得，小两口吵架不要紧，儿子口出狂言，几近谋反，这着实让他恼火万分。郭子仪立即令人把郭暧捆绑起来，并迅速送到宫中面见皇上，要求皇上严厉治罪。

但令人没想到的是，唐代宗却和颜悦色，一点儿也没有怪罪的意思，还劝慰说：“小两口吵嘴，话说得过分点，咱们做长辈的不要太认真了，不是有句俗话吗：‘不痴不聋，不为家翁’，儿女们在闺房里讲的话，怎好当起真来？咱们做老人的听了，就把自己当成聋子和傻子，装作没听见就行了。”

听到皇帝亲家这番通情达理的话，郭子仪的心里一块石头终于落地了，顿时倍感轻松，眼见一场大祸化作芥蒂小事。

有时候，夫妻两口子关起门来吵嘴，在气头上，言辞过激，气人伤心是很正常的。如果句句都较真儿，就将家无宁日。杀人不过头点地，自己又能得到什么好处？唐代宗用“老人应当装聋作哑”来对待小夫妻吵嘴，不因女婿讲了一句近似谋反的话而无限上纲、大动杀机，而是化灾祸为欢乐，使小两口重归于好。他的这笔利弊得失的账算得可算是很明白。

老人与年轻人在某些问题上肯定是有差距和不同的，如何处理好家庭关系，是一个重要而敏感的问题。它不仅关系到家庭和睦与否，而且还关系到家人的身心健康和情绪。生活中，大家应该糊涂的时候就要糊涂，因为和谐融洽的家庭关系是离不开对家人的理解、谅解及包容的。

退让彰显博大胸襟

古希腊神话中有一位大英雄叫海格力斯，一天他走在坎坷不平的山路上，发现脚边有个袋子似的东西很碍脚，海格力斯踩了那东西一脚，谁知那东西不但没被踩破，反而膨胀了起来，加倍地扩大着。海格力斯恼羞成怒，操起一条碗口粗的木棒砸它，那东西竟然长大到把路给堵死了。正在这时，山中走出一位圣人，对海格力斯说："朋友，快别动它，忘了它，离开它远去吧！它叫仇恨袋，你不犯它，它便小如当初；你侵犯它，它就会膨胀起来，挡住你的路，与你敌对到底。"

其实我们也在经常犯和海格力斯一样的错误：遇到矛盾时，不愿意吃亏，步步紧逼，据理力争，死要面子，认为忍让就是没了面子、失了尊严，最终只能使得矛盾不断的升级，不断激化。其实忍让并不是不要尊严，而是成熟、冷静、理智、心胸豁达的表现，一时退让可以换来别人的感激和尊重，避免矛盾的加深，岂不更好？社会就像一张网，错综复杂，我们难免与别人有误会或摩擦，善待恩怨，学会尊重你不喜欢的人，在自己的仇恨袋里装满宽容，那样才会少一份怨恨，多一份快乐，才会赢得更多的尊重。

如果我们遇事给自己五分钟，冷静的思考，一定可以拥有更开阔的心境，可以做出更加睿智的决策。人生百态，各有所爱。你爱吃鱼，他爱吃鸭，虽然嗜好各不相同，但缘分安排大家一桌共食，各自也都吃到了自己喜欢的东西，何乐而不为？又何必强求别人一定要吃自己喜欢的东西呢？如果我们能承认品质各自有异的客观存在，便会对彼此的互异感到快乐。你有你的思维方式，我有我的人生见地，若能互相学习，彼此宽容，就能一团和气。转换思维，用你的博大胸怀去包容万物，退一步海阔天空，到那时，你会感到“明月装饰了你的窗子，你装饰了别人的梦”，有一种出人意料的美，一种意想不到的奇迹。

“阎王好惹，小鬼难缠”，其实越是有身份越是素养高的人越容易相处，矛盾越容易化解。反而是那些喜欢吹牛，大言不惭和长于炫耀的小鬼，最喜欢恃强凌弱，总是试图通过打倒别人来表现自己，反而表现出思想上的无知和行动上的无能。优秀的人，一定会有王者风范，有着适可而止的智慧，懂得和为贵的重要，要的是高水准的自尊，追求的是品德上的出类拔萃，也总是会在风云变幻时三思再三思，摁住那些跃跃欲试张牙舞爪的小鬼，明白胸怀宽广、谦让待人才是博大，避免更多无意义的争执。

大学士张英是清朝著名的宰相。在他的老家安徽桐城，张家与邻居都是显赫的名门望族。一次，张家与邻居家都要起房造屋，为争地发生了争执。张老夫人便修书北京，要张宰相出面干预。这位宰相看罢来信，立即做诗劝导老夫人：“千里家书只为墙，让他三尺又何妨？长城万里今犹在，不见当年秦始皇。”张老夫人见书明理，立即把墙主动退让三尺，邻家见此情景，深感惭愧，也马上把墙让后三尺。就这样，这两家的院墙之间，形成了六尺宽的巷道，成了有名的“六尺巷”。张英失去的是祖传的几分宅基地，换来的却是邻里和睦及流芳百世的美名。

凡事均有长有短、有阴有阳、有圆有缺、有利有弊、有胜有败，更何况是千变万化的人生。在处理争端与矛盾之时，又为何不多想一想“处世让一步为高”的道理。那些邻里纷争，亲友反目，静下心来，仔细想想，会觉得有点可笑甚至荒谬。难道你愿意成为旁观者斜眼笑谈的主角？那么，各退一步，化干戈为玉帛，又何乐而不为呢？聪明的人，并不会一味地争强好胜，在必要的时候，宁愿后退一步，避其锋芒，有时候不仅能赢得旁观者的尊重，更能赢得对手的尊重。

不要让仇恨掩盖了你的品德，不要让争怨损害了你的形象。宽容是一种美德，宽容别人就是善待自己。记得这样一句话：“心是一个容器，当爱越来越多时，仇恨就会被挤出去。”让我们学会包容，用爱来充满内心，善待怨恨，退一步，海阔天空，忍一时，风平浪静。

让人生在沉默中升华

佛经上记载了这样一则故事：

从前有一只乌龟，有一年碰上多年不遇的干旱，所居住的湖泊完全干涸了，自己也不能爬行到有食物的水草丰泽之地。当时有一群大雁居住在湖边，也准备迁往他方，乌龟就向他们苦苦哀求，要求把它带离此地。

一只大雁就用嘴叼着这只乌龟，往高空飞去。大雁经过一座城镇，乌龟忍不住气，向大雁问道："你这样不停地飞，到底要飞到何处？"

大雁听了，只好回答，才一张口，叼在嘴里的乌龟就径直从高空落下，摔在地上，被人拾取，宰杀享用了。

乌龟多嘴多舌而致堕地身亡，恰好说明了一个道理：如果不谨慎口舌，就会招致恶果。

《尚书·记命上》说："只有口是产生羞辱的。"这是说言语出自口中，如果不合礼仪，就会招致羞辱；《诗》告诫人们说话要谨慎，话不恰当一出口就会后悔。所以上天有卷舌星，用来警戒说坏话和花言巧语的人。《孔子家语》中记载孔子到周朝观礼，看到三尊金人，他在金人背面题铭："古之慎言人也，戒之哉！无多言，多言必败；无多事，多事多患。"如果白玉有什么缺损，尚可以通过磨砺使其完美，而一个人言语有失误，就无法弥补了。口一张，嘴一动，说出话来，四匹马的车也不能追回。

语言是人与人沟通交流的手段，但有时不假思索的言词却会起到非常不好的作用，破坏了关系，影响了团结，损害了形象，甚至有人为此丢掉了性命。所以有时，适当的沉默也是一种智慧。

首先，沉默并不等于无言，它是一种积蓄、酝酿，以等猝发的过程，就如同拉弓蓄力，为的是箭发时能铮铮有力，直冲云霄。

其次，形式上的静止，并不代表思考的停滞。正相反，深邃的思想，正是来源于那看似沉默的思考过程。有的人喜欢夸夸其谈，将并不成熟的思想，过早地说出来。这样，对于他自己，失去了进一步思考、提高的机会，使本来可能很有价值的想法，随口溜走了。而对于听的人，由于说者的滔滔不绝，很容易忽略了其谈话的重点及思想的核心，随耳一听罢了。还有的人因为说话前缺少足够的思考和语言的组织，造成词不达意或逻辑不清，反而影响了感情的交流，真是欲速则不达。

让我们一起来看一个由于不重口舌之利而遭致祸患的例子吧。

南北朝时，贺若敦为晋朝的大将，自以为功高才大，不甘心居于同僚们之下，看到别人做了大将军，唯独自己没有被晋升，心中十分不服气，口中多有抱怨之词，决心好好干它一场。

不久，他奉调参加讨伐平湘洲战役，打了个胜仗。全军凯旋，这应该算是为国家又立了一个大功吧，他自以为此次必然要受到封赏，不料由于种种原因，反而被撤掉了原来的职务，为此他大为不满，对传令史大发怨言。

晋公宇文护听了以后，十分震怒，把他从中州刺史任上调回来，迫使他自杀。临死之前，他对儿子贺若弼说："我有志平定江南，为国效力，而今未能实现，你一定要继承我的遗志。我是因为这舌头把命都丢了，这个教训你不能不记住呀！"说完了，便拿起锥子，刺破了儿子的舌头，想让他记住这个教训。

光阴似箭，斗转星移，转眼几十年过去了，贺若弼做了隋朝的右领大将军。他没有记住父亲的教训，常常为自己的官位比他人低而怨声不断，自认为当个宰相也是应该的。不久，还不如他的杨素做了尚书右仆射，而他仍为将军，未被提拔，他气不打一处来，不满的情绪和怨言便时常流露出来。

后来一些话传到了皇帝耳朵里，贺若弼被逮捕下狱。皇帝杨坚责备他说："你这个人有三太猛：嫉妒心太猛；自以为是，自以为别人不是的心太猛；随口胡说目无长官的心太猛。"因为他有功，不久也就被放了。他还不吸取教训，又对其他人夸耀他和皇太子之间的关系，说："皇太子杨勇跟我之间，情谊亲切，连高度的机密，也都对我附耳相告，言无不尽。"

后来杨勇在隋文帝那里失势，杨广取而代之为皇太子，贺若弼的处境就可想而知。隋文帝得知他又在那里大放厥词，就把他召来说："我用高、杨素为宰相，你多次在众人面前放肆地说这两个人只会吃饭，什么也不会干，这是什么意思？言外之意我也是废物不成？"贺若弼回答说："高是我的老朋友，杨素是我舅舅的儿子，我了解他们，我也确实说过他们不适合担当宰相的话。"这时因他言语不慎，得罪了不少人，朝中一些公卿大臣怕受株连，都揭发他过去说的那些对朝廷不满的话，并声称他罪当处死。隋文帝念他劳苦功高，只把他的官职撤消了，把他贬成了一个庶人。

父子两代人，同样是因言多而坏事。所以说，在为人处世的过程中，务必要忍那些不该讲的话，以免招致不必要的祸端；务必要以"沉默是金"为原则，来规范自己的言行。

沉默并不是教人缄口不语，而是希望人们能深思熟虑，三思而后言。祸从口出，病从口入。毁灭人只要一句话，培植一个人却要千句话，请你多口下留情。让我们的生活中多一些高质量的谈话，少一些无目的和平庸的闲语。让思考的火花在沉默中放出光彩，让语言的艺术在思考中得到升华！

第七章
淡看得失，打造不计较的人生

人的一生中，凡事有得必有失，这是自然循环规律。当你得到了财富，你可能失去了大好时光；当你把握了时间，你可能失去了自在生活的乐趣；当你得了你爱的人，可能你失去了爱你的人；当你失去了小利益，可能就是你获得大收益的开始……人生往往就是这样，鱼和熊掌两者不能兼得。因此，面对得失，坦然待之，凡事重要的是过程，对其结果过于斤斤计较，或是耿耿于怀，只会让你陷入无尽的苦恼中，就会远离人生最重要的幸福与快乐。

成功的标准

比尔·盖茨认为，衡量成功的方式有很多，其中最简单的一种就是看他给周围的人提供了多少帮助。他说，虽然社会上衡量成功有传统的标准，即看一个人是否有新的创造，是否因为这样的创造，改善了人们的生活。但是他觉得，如果一个人只追求单方面的成就，这样的人是不能算作成功的。

著名的职业演说家高夫也指出，成功的意义并不总是在一个“赢”字。对此他讲述了一个残疾年轻女孩的故事，这位女孩将成功的真谛表达得淋漓尽致。

在某市举行的残疾人运动会比赛中，参赛者跟正常人一样竞争得很激烈。在女子1500米赛跑项目预赛中，有两位选手显得格外突出。

最后有四名选手进入决赛。决赛开始，那两名实力最强的选手很快将另外两个选手抛在了后面。

最后100米冲刺的时候，这两名选手几乎是比肩齐步，都在拼尽全力跑赢对方。就在这个时候，稍微落后的那个女孩不小心绊倒了。按照一般的情况来说，这等于宣布了谁是赢家。

但这次却不同。

领先的选手停了下来，并折回去扶起她的对手，为她拂去膝盖和衣服上的泥土。此时，另外两个女孩子已跑过终点线。

赢得冠军是每个参赛者的目标，试问参赛的选手有哪一个不想获取冠军的荣耀呢？又有什么样的人才会甘愿放弃唾手可得的荣耀呢？这位残疾女孩做到了这一点！她虽然放弃了摘冠赛场，但她同样获得了荣耀，更获得了尊重。她成了这场比赛中真正的赢家。她已将自己的能力发挥到了极致——爱的能力；而爱的能力使她比一般人赢得更多。

由此可见，成功的标准不是唯一的，人生中有许多时刻，表面上是输了，但实际上是真正的赢家。

当我们面对满天星斗，面对晴朗的或阴晦的心情，我们就会明白，原来世界上还有那么多自己不明白的事。我们只是这个世界中极其微小的一分子，只是生命长河里的一滴水，所以，在我们每走出一步的时候，不要凭结果论成败，最重要的是在旅途中能采撷到珍贵的一朵小花。虽然这朵小花并不绚烂多姿，但也许它就代表着一种成功。

如果我们只有单一的成功准则，就很可能为了达成这个准则而放弃甚至丢失一些做人的原则和趣味，变成没有亲朋好友的孤独者。

“成功”是一种向上的、不停歇的精神。它从一个瞬间过渡到另一个瞬间，从一个状态进行到另一个状态，从一种“完成”迈向另一种“完成”。在这个过程中，成功可以得到不同方式的诠释。

在现实生活中，我们常会碰见这样的问题：“你成功吗？你的成功标准是什么？”有人说：“做一个成功的哲学家。”有人说：“有很多钱。”还有人说：“没想过。”更有人说：“现在还没成功，我想将来有一天假设如果万一……”人们总是不能给出一个相同的答案。可见，成功不可能被标准化。成功一旦被“标准化”，它将像一顶硕大的帽子，盖住生活小小的身体，扼杀了生活的多姿多彩。

所以，当我们抛开虚华，追求丰富多彩、实实在在的生活的时候，成功就跳出“输与赢”的窠臼，而这时我们也就更容易找到属于自己的成功标准。

在这里，我们首先要明白，我们自己的成功决不是别人的“成功”。因为我们知道，别人的成功永远无止境，“别人”的外延是无限宽广的。18岁之前，觉得考上北大清华的人很威风；22岁之前，觉得考上哈佛的是天才；步入社会时，觉得丁磊和张朝阳是不可一世的英雄……然而，英雄如是，也有一泻千里，无语凝噎的时候，也有看着后辈横空出世的时候，山外青山楼外楼，强中自有强中手，所以我们要在自己这里定位成功的标准。其次，我们的成功标准不能是置自己于“死”地而后快的那种“成功”。“成功不是和别人比，而是和自己比，每天都有所进展，每天都有所突破”。我们要循序渐进、日积月累，所以我们不能拔苗助长；我们有属于自己的土壤，所以不需千里流徙寻找“移植空间”；我们有适合自己生长的季节，20岁做20岁的梦，30岁享受30岁的人生，所以舍得未老先衰或老而劳作……“成功”不是做只春蚕，竭尽其能量至死方休，因为我们还需要能量来享受人世间温暖的情感。

我们的成功标准也不是看定时空里的一个标靶，然后瞄准、射击。生命的旅途上，我们在变化，标靶自然也要随之变化。曾经崇拜景仰的，有一天可能忽然会觉得，也不过如此。曾经熟视无睹的，有一天可能会发现这是上天赐予自己的最美妙礼物。

当然，成功并不表示我们从此就能够高坐在一个静止的点上夸夸其谈。我们所说的“成功”，是一种向上的精神气质，它由一个又一个微不足道的细节串联而成，是一种绵延的状态而不是能量化的一个点。它又像一场马拉松循环赛，今天别人胜过我，明天我胜过别人，别人这个方面胜过我，我又在那个方面胜过别人，你追我赶、此消彼长，彼此制约与平衡。

在光阴的竞技场上，竞赛者难分高下，但只要奔跑、跳跃着，便是“成功”。

“成功”只是生活本身，不是任何羡慕的眼光、啧啧的赞美，更不是豪宅名车、金银珠宝堆砌而成的附属品；“成功”，不是高高在上、不染纤尘的天堂。

“成功”是许诺我们以安详的心不在纷纷扰扰中困惑；但又要求我们在为物欲横流的世界里有所作为以维护这份安宁。

“成功的标准”是将来有一天，不再有人指着某个标杆对青年人说：“这就是成功，你一定要这样，才算成功。”我们不想被“标准”化，更不想为了“标准”而成功。人生处处是考场，但满分的标准不止一个，我们有许多个角度给自己评分。要想活出自己的人生价值，就要首先让自己活得坦然，活得问心无愧。等我们做到能够很平淡的放弃心中对功利的渴求，放弃虚华的诱惑，我们就已经获得了成功。

勇于接受失败

世事如棋，胜负难料。而最终胜出的，必然是那个勇于言败的人。

一个人在春风得意之时，一般很难看到自身的不足和弱点，而这些不足和弱点往往会让我们错失进退的时机。当失败之后，我们才会反省，同时也会更清醒地认识现实。所以，我们不妨这样认为，失败是令人清醒的催熟剂，是一笔难得的财富，在失败中我们可以找到进退的时机。

一个拥有失败经验的人，就可以更好地避免下次犯同样的错误。失败和错误有时就是最大的优势，因为从中会学到更多，也能更清醒地看待自身的优势和劣势。进退的过程就是不断弥补自己不足的过程，只有看清了自己的不足，才能把握机会。

某著名大公司招聘职业经理人，一个应聘者这样自我介绍：“我虽然只是本科毕业，只有中级职称，可是我却有着10年的工作经验，特别是我有着多次失败的经历。我任职过的12家公司，都先后倒闭了，我努力挽救这些公司也都失败了。但是我因此了解了失败的每一个细节，并从失败中学到了许多东西。成功的经验大抵相似，容易模仿，而失败的原因各有不同。用10年学习成功经验，不如用同样的时间经历失败，从中所学的东西更多、更深刻。很多人知道如何成功，而我更有经验避免错误与失败，这就是我最大的优势。”结果这个应聘者当场被老板录用了。

老板看重的就是这位应聘者能够帮助企业把握机会，因为他能看到自己的不足，更能看到企业的不足。如果不能看到自己的劣势，盲目行事只会一败再败。而一个拥有失败经验的人比已经成功的人更具有智慧。

有个被人称为“渔王”的人，有着一流的捕鱼技术，虽然手把手地教他的三个儿子织网、下网、识潮汐、辨鱼汛……但三个儿子的渔技还是很平庸。“渔王”为此百思不得其解，而且非常苦恼。

后来，一个老人问他：“你一直手把手地教他们吗？”“是的，为了让他们得到一流的捕鱼技术，为了让他们少走弯路，我一直让他们跟着我学，而且教得很仔细很耐心。”

老人说：“你的错误就在这里，你只传授给了他们技术，而不让他们去经历失败的教训。要知道，没有教训与没有经验一样，都不能使人成大器的！”

做事与捕鱼一样，有了失败的经历之后，进退才能自如。比如我们在推进一个商业项目的时候，虽然尝试了很多办法也没有头绪，但每一次思路的失败，证明这个思路是错了，我们就会从另外一个思路重新推进。可以这样说失败的次数越多，离找到正确的思路就越近了。

此外，失败还可以锻炼我们的意志，为我们培育坚忍、耐心、信念等成功的基因，最后将失败转变为成功。而这种成功带来的自信心、满足感和成就感更为强烈。所以，失败不仅仅是成功之母，更是一笔难得的财富。

战场上有败仗，比赛中有败绩，下象棋有败招，写文章有败笔……人生如旅，世事如云，失败就这样不紧不慢、若即若离地伴随着我们。不要忽视失败，更不应该长久地为失败而伤神悲痛，因为失败其实是在启迪我们进退的时机。

失败是一回事，从失败看到进退的时机又是一回事。失败是事实，从失败中把握进退的时机就需要智慧和勇气。如果因为局势所迫而败下阵来，可能是该退的时候；而因为自身能力不足和不够努力而失败的话，那就会失去从失败中站起来的机会。因为这次失败已经明白地告诉自己在何处还不足。

两位顶尖高手切磋剑法，三天三夜不分高下。刀光剑影，高招迭出。最后，双双纵身跃出，同时抱拳称败。谁是武林第一，成为江湖千古之谜。两位高手都是胜者，他们的胜利不仅是看到了对方的破绽，更找到了自己的败招。这一破一败，足以置对方于死地，可是他们都没有这么做。在几千个回合的较量中，他们悟出了胜利的最高境界：勇于言败。

勇于言败，首先已经战胜了自己，得失之心、荣辱之虑、进退之患、沉浮之忧轻轻放下。而世界上没有任何力量能够彻底打垮一个战胜了自己的人。在人生道路上每前进一步，都可能栽跟头、碰钉子、遭不测，而每一次挫折，都在启迪着我们：不怕输，才有赢的机会；不怕败，才有胜的希望。

丢掉消极的，找回积极的

用电脑的人都知道，回收站是需要经常清空的，否则会占用过多的空间，影响计算机的运转速度。人的头脑也是，你不能什么都扔掉，你也不能什么都留着。聪明的人是善于取舍的人，是适时取舍的人。

我们都有清理和打扫房间的体会。每当整理好自己最爱的书籍、资料、照片、唱片、影碟、画册、衣服后，你会发现：房间原来这么大，这么清亮明朗，自己的家更可爱了。其实，心灵的房间也是如此，如果不把污染心灵的废物清除，势必会造成心灵垃圾成堆，而原本纯净无污染的内心世界，亦将变成满地污水。

一个人，在尘世间走得时间久了，心灵无可避免的会沾染上尘埃，使原本洁净的心灵受到污染和蒙蔽。

儿童是快乐的，因为他没有过多的心事，也没有不必要的忧虑。而成人则不同，我们的生命中有太多的积压物和太多想象出来的复杂以及一些扩大了的悲痛。

有太多心事的人走不快，完全没有心事的人又多半缺乏理性。而生命的难度也正在于此，你要不断清扫和放弃一些东西，因为“生命里填塞的东西愈少，就愈能发挥潜能”。记得一部戏里，一个人对主人公说：“走吧，不要回头，做不好不要回来。”他的意思是让他离开这里，是希望不要让过去拖累他。

清扫心灵是一种挣扎与奋斗的过程。人生是一个不断挥手的旅程，少年要告别家乡，伤心人要告别伤心地，雄鹰要告别安逸，快乐要告别悲伤。没有告别，就没有成长，要坚强，就要勇于转身，离别是为了更好地相聚。

人是最会制造垃圾污染自己的动物之一。清洁工每天早上都要清理人们制造的成堆垃圾，这些有形的垃圾容易清理，而人们内心诸如：烦恼、欲望、忧愁、痛苦等无形的垃圾却不那么容易清理了。因为这些真正的垃圾常被人们忽视，或者，出于种种的担心与阻碍不愿去清扫。譬如，太忙、太累；或者担心扫完之后，必须面对一个未知的开始。

的确，清扫心灵不像日常生活中扫地那么简单，它充满心灵的挣扎与奋斗。不过，你可以告诉自己：每天扫一点，每一次的清扫，并不表示这就是最后一次，而且没有人规定你一次必须扫完。但你至少要经常清扫，及时丢弃或扫除拖累你心灵的东西。

人的一生，就像一次旅行，沿途有数不尽的坎坷泥泞，但也有看不完的春花秋月。如果我们的一颗心总是被灰暗的风尘所覆盖，干涸了心泉、黯淡了目光、失去了生机、丧失了斗志、我们的人生轨迹岂能美好？

有一句佛语：身是菩提树，心如明镜台，时时勤拂拭，勿使惹尘埃。心如明镜，纤毫毕现，洞若观火，那身无疑就是“菩提”了，但是前提是“时时勤拂拭”，否则，尘埃厚厚，似茧封裹，心定不会澄碧，眼定不会明亮了。而如果我们能“时时勤拂拭”，勤于清扫自己的“心地”，勤于清净自己的灵魂，我们也一定会有“山穷水尽疑无路，柳暗花明又一村”的那一天。

古印度莫卧尔皇帝在一生中经历过许多次失败。有一次，他被对手打败，情急之下，不得不藏在一个马槽里躲避。作为一国之统帅，躲在马槽里听着对手在外面耀武扬威，肆意辱骂他，越想越来气，他忍不住要冲出去跟对手拼命。就在这时他看到马槽里有一只蚂蚁在艰难地拖着一颗玉米粒，试着爬过一道看来它不可能过去的坎。已经是第六次了，蚂蚁从坎上翻滚下来，但小小的蚂蚁似乎没有意识到困难的巨大，它又一次衔起玉米粒爬上去，终于成功的翻了过去。莫卧尔从中受到了巨大的鼓舞，再也不想什么对手的辱骂，安心躲在马槽里，脱险后，他再一次招集军队，不屈不挠地与敌人斗争，最后他建立了中世纪最后一个横跨欧亚非的帝国。

做事遇到困难，是再平常不过的事情了，战胜困难的人，就是强者！人生如战场，试想一下，如果你身临战场，当你遇到困难和敌人时就赶紧后退，其后果如何？把事情做好，把困难解决掉，这不也是一种“作战”吗？因此，当你在自己的生活和事业中碰到困难时，应遵循一个原则——发挥自己的优势，绝不言退。

要做出来给别人看，要让别人知道你并不是一个懦弱之人、一个胆小鬼。即使你做事失败了，你不怕困难的精神和勇气也会得到他人的赞赏；如果你顺利地克服了困难，这就更加向他人证实了你的能力！如果有人出于对你的不服、怀疑、中伤、嫉妒而故意给你出些难题，当你一一解决时，你不仅清除了他人的不良心理，而且还提高了自己的地位。

机会稍纵即逝，如果你轻易放弃，也许会形成一种习惯，而一个人一旦养成稍微遇到点难处就放弃的习惯，那一辈子恐怕都做不成什么大事。

成功人的心态是：要改变环境，而不能让环境改变自己。所以，很多人即使从头开始，从草根开始，从零开始，最后也终于跻身富人的行列。史玉柱刚开始的时候，绝对是一个草根，一个充分的草根。

读完研究生的史玉柱做了一个令人惊讶的决定：放弃唾手可得的仕途，辞职“下海”创办企业。领导为他惋惜，同事感到困惑，连最了解他的妻子和父母也感到不可思议。而史玉柱的心里，却涌动一股不可遏制的创业冲动。

他清楚地看到，20世纪80年代末的中国电脑技术，在文字处理特别是桌面印刷排版领域，还处在非常原始落后的状态。国际市场上专用文字处理机甚至大大超过了通用电脑的价格。他希望能以自己的聪明才智和积累的知识，在这个领域里闯出一条路。临“下海”前，他对自己的好友说：“如果下海失败，我就跳海。”

史玉柱的创业是极其艰苦的，他一没有资金，二没有靠山，全部“家当”是东挪西借的4000元人民币。唯一让他充满信心的，是读书期间呕心沥血开发出的一套软件——M6041 桌面汉字处理系统。这套软件被储存在集成电路板里，插在电脑的扩展槽里使用，当时被人称为“汉卡”。

史玉柱返回深圳大学，凭着对环境的熟悉，借用学校的电脑继续完善自己的汉卡，直到他认为这个系统已经成熟到可以推向市场的时候。

史玉柱联合了几位青年伙伴，大胆承包了深圳大学科技工贸公司电脑服务部，当然，创业资金也就是那一直舍不得花掉的 4000 元。史玉柱他们当时只有汉卡，穷到了买不起一台电脑的地步。没有电脑，当然无法制造电脑配套产品，史玉柱当即做出第一个大胆的决策：一台电脑的市场价格是 8500 元，他以加价 1000 元的条件，换来延期付款半个月的“优惠”，也就是说，半个月内暂不交款，但半个月后却要付出 9500 元。他的第二项大胆决策是做广告。没有钱交广告费，但同样可以采用延期付款的方式，先打广告后交钱。一家著名的报纸《计算机世界》同意了他的请求，用半个版面为 M6041 做宣传，但规定费用必须在半个月内交清。两项大胆的决策，把史玉柱的电脑服务部逼上了绝路：15 天内，他们若挣不到 17000 元钱，就是砸锅卖铁也还不了这个当时属于巨额数字的债务！

1989 年 8 月 2 日，《计算机世界》刊登了半个版面的广告：“M6401，历史性的突破。”

接下来漫长的半个月，对史玉柱而言是揪心的等待，在望眼欲穿中，苦苦盼望着用户订单的到来，就像经历了一个世纪。

等到第 13 天，奇迹终于出现了。这一天，史玉柱一共收到了三张订单，近 2 万元的汇款，不仅挽救了史玉柱的小企业，也昭示着未来“巨人”的正式起步。

一些人的人生态度是：因为大家都是穷人，所以我也就是穷人；因为环境让我受穷，我也没办法不穷；因为我自己的力量太小，所以我没有能力改变。

这些人面对自己的处境，从来不问问自己，我想了吗？我做了吗？我竭尽全力了吗？很多事情的成功，都不是一蹴而就的，需要一个人努力努力再努力、坚持坚持再坚持才可以实现。但是，这些人没有耐心，他们可以将就，可以凑合。而另一些人绝不允许自己沉沦下去，他们绝不让自己只是随着生活的惯性前行，走到哪步算哪步。现在的日子穷，但绝不代表可以穷一辈子。人，如果不换个活法，就只能穷一辈子。

能吃亏是境界，会吃亏是睿智

并非所有的便宜都值得庆幸，并非所有的幸运都值得高兴，同样，并非所有的“亏”都令人难以忍受。一个不能吃亏的人，会在斤斤计较中丧失更多的资源，得小利而失大利。不懂得吃亏，就不能完美地领悟人生；不懂吃亏，就不会有事业上的壮丽辉煌。相反，能吃亏的人往往打开了珍藏在心中的宝藏。能吃亏，就收获了“忍辱负重，能屈能伸”的性格形象。能吃得亏，就能够在沉淀中有了“厚积薄发”的资本。

有一个脑筋急转弯：你最不想吃的但却经常能吃到的是什么？答案是“吃亏”。几乎在所有人的意识里，亏吃不得。亏到底吃得吃不得呢？

有个小伙子叫李三，因赌博成性而倾家荡产，最后流落街头，成了乞丐。一次，他已两天没吃一口东西了，再不吃东西就得饿死。他想出个招，即使被打死，也要做个饱死鬼。

李三来到一家饭馆，对掌柜的说：“给我来个‘亏’，我好长时间没吃‘亏’啦！”老板愣住了，“什么是‘亏’，这个‘亏’怎么做？”

“你们这么大个饭馆，连个‘亏’都不会做，太没水平啦。我告诉你们，把面和好，擀成饼，把肉馅放在饼上，卷起来放到笼屉上蒸，一袋烟的工夫就好。”

“客官，那你慢慢喝茶，一会儿，‘亏’就好了。”老板陪着笑脸说。

一会儿，“亏”出屉了。李三三下五除二，将几笼屉的“亏”一扫而光。然后趁老板不注意，就溜之大吉了。老板发现后，着急地说，那人吃了我的‘亏’还没给钱呢？众人知道原因后，开玩笑地对老板说：“人家吃了‘亏’，为什么还要给你钱？这是你亏欠人家的，吃你是应该的，还管人家要什么钱？”

据说从此后，吃亏就成了一句口头禅流传下来。古人是非常睿智的，在创造“吃亏”的同时，就告诫人们吃亏是福。虽然这里的“吃亏”和我们现在所谈的吃亏意义相反，但与其中“吃亏是福”的道理却有异曲同工之妙。

社会都有功利浮躁的一面，很多人都想得到名誉、地位、金钱以及别人的尊重和奉承，似乎唯有此，才是成功的标志，才是人生价值的实现，为此，人们劳心劳力、孜孜不倦地追求成功，为了一己私利斤斤计较、做人总怕吃亏的事情便屡见不鲜。

不能吃亏，最终得吃个大亏。相反，那些能吃得亏的人却总能在不如意中找到一飞冲天的机会。

1908年，美国有一个叫希尔的年轻人，接受了一位全国最富有的人的挑战，答应不要一丁点报酬，为这位富翁工作20年。表面上看，希尔吃了大亏，因为这20年正是他年富力强、最能创造利润的时期，可是，实际上，希尔获得的是远比他应该得到的报酬还要多得多的回报。

年轻的希尔去采访钢铁大王安德鲁·卡内基。安德鲁·卡内基很欣赏希尔的才华，对他说：“我向你挑战，此后20年里，你能否把全部时间都用在研究美国人的成功哲学上，然后提出一个答案，但条件是：除了写介绍信为你引见这些人，我不会对你作出任何经济支持，你肯接受吗？”

虽然没有酬劳，但是希尔相信自己的直觉，接受了挑战。在此后的20年里，他遍访美国最富有的500名成功人士，写出了震惊世界的《成功定律》一书，并成为罗斯福总统的顾问。

“吃得亏”，这就是希尔之所以能成功的全部秘密。希尔后来回忆说：“全国最富有的人要我为他工作20年而不给我一丁点儿报酬。一般人面对这样一个荒谬的建议，肯定会觉得太吃亏而推辞的，可我没这样想，我认为我要能吃得这个亏，才有不可限量的前途。”

那些把不可以吃亏，不可以受人欺负当做做人信条的人，可以在课堂上扔下书和教授吵架；可以在旅行时为一点点小利和小贩争执；有一点点不顺心就想到要离开公司，大不了重新开始；对待感情，下意识地总要他(她)对我比我对他(她)好，感情倘若是秤，绞尽脑汁总要他用七分我用三，最多六四分已经觉得投入太多。总之心里的小闹钟时刻反复提醒自己：不可以吃亏！但时过境迁，这些人重新想起自己尽力不吃亏的主要事迹时，却总是发现一切其实可以找到更好的方式。因为，和教授吵架的后果是那门课最终没有拿到好的分数；旅行时的愤怒冲淡了快乐；愤然离职后是心情平复后长时间的后悔；至于感情，总是计较得失，却失多得少。

其实，越是不计较吃亏的人，才越会得到真正的幸福。能够理解“吃亏是福”里面的睿智，能够参透“做人要吃得亏”中的禅机，你的人生从此才开始有了真正的转机，你的幸福之门也就在不计较中得到了开启。

由于会吃亏的人不会在乎一次小小的亏，而会看重以后可能发生的更大损失，因此他们会吸取教训，积极行动，以改变自己未来的命运。这是“吃亏当福”的另一种含义，也是宽以待人的另一种睿智的解读。

吃亏，对于个人来说，无非是自己小的利益受损，失去的东西大多是物质的、暂时的。如果你能够从容地面对，多些包容，少些计较，在所谓的“吃亏”之后，得到的会是什么呢？你会得到别人的感激和自己的坦然，并且还培养了自己的宽厚与大度，以及陶冶了自己的情操。这难道不比损失的那一点利益划算吗？

在一生之中，每一个人都难免会遇到“吃亏”的事情，但吃过亏的人都能够变得越来越精明，这是“吃亏是福”的另一种最好的诠释。“风雨之后见彩虹”，每个人都要感谢那些让自己吃亏的事件，以及让自己吃亏的人。因为是他们让你不断地成长、成熟，关键的是要把所吃的亏及时地转化为成功的动力。

“会吃亏是比金钱更值得珍视的财富。”大家要运用自己吃亏后所明白的道理，并在以后的日子里不犯同样的错误。学会感谢“吃亏”，因为很多事只有在吃亏以后才能知道“吃一堑长一智”，知道怎么样做才是对的；学会感谢伤害，因为如果心受过伤，那它不仅会变得坚强，而且会更加敏感。只有睿智的人，才会勇敢地面对由于自身错误而产生的所有“亏”，并承担由此而带来的所有的伤害和痛苦，因为任何一个人都不可避免地要犯错误，不可避免地要吃亏。

有这样一位年轻人，在他28岁那年就被选为银行总裁。

一天，他与股东会议主席(也就是前任的总裁)谈话，他说：“感谢您的推荐，我才能被董事会任命担当总裁职务，这真是一个艰巨的工作。我希望您能根据自己多年的经验给我一些建议。”

前任总裁看着坐在自己面前的年轻人，略加思索后他很快以6个字作为回答：“做正确的决定。”

年轻人期望得到他更进一步的回答，他说：“您的建议很有帮助，我非常感激。但是，您能否说详细一点儿？我真的很需要您的帮助以做正确的决定。”

这个充满智慧的老人又回答道：“经验。”

年轻人又说：“没错，这正是我今天要请教您的原因。正因为我不具有所需要的经验。那么我该如何才能获得这些宝贵的经验呢？”

前总裁笑着答道：“错误的决定。”

“亡羊补牢，犹时未晚。”谁都有这样或那样的缺点，有时也会因为有意或无意地犯些这样或那样的错误。吃亏并不可怕，关键是要面对错误，吸取教训，找出吃亏的原因，这才是你在以后的人生当中获得成功的最有力保障和工具。

从某种意义上来说，能够正确对待“吃亏”是一种境界，是一种人格上的升华。能够正确对待“吃亏”的人，在物质利益上，不是锱铢必较，而是宽宏大量；在名誉地位面前，不是先声夺人，而是先人后己；在人际交往中，不是唯我独尊，而是尊重、抬举他人。如此这般以吃亏为荣、为乐，势必会赢得他人的尊重。

成功的人，大多是在岁月的磨炼中成长起来的，大多吃过亏，并在吃亏中成熟起来，从而变得更加聪慧和睿智。倘若有谁一吃亏便愁肠百结，如同失了魂一样，郁郁寡欢，甚至懊恼咒骂、一蹶不振，那么受伤者只能是自己。

表面吃亏未必真吃亏

日常生活中，有很多人在很多时候因不吃小亏，而吃了看不见的大亏，正所谓“拣了芝麻，丢了西瓜”。其实，如果想顺利解决与别人发生的冲突，办法只有一个，那就是以“吃点小亏”当自己做人的原则，凡事多谦让别人一些。因此，其实吃亏是一种智慧，而非真吃亏。

让别人占点“小便宜”是人际交往中的艺术，掌握这门艺术，关键在于把握“给”的度，并能准确预算成本、风险与回报。让别人占小便宜并不是软弱可欺、任人凌辱，你必须站在比对方更高的角度，头脑清醒，统揽全局，最终得到自己所想要的一切。

吃亏的人不可能永远吃亏，占便宜的人不可能永远占便宜。更多的时候，吃亏就是占便宜，占便宜就是吃亏。能吃亏的人在最后总是会得到巨大的补偿，而那些总想占便宜的人恐怕就没有这种幸运。

一位老太太有一所豪华的房子，却没有子女继承。有个律师很想得到这所房子，但是如果按照市场价买下的话，他又嫌太贵。于是，他想了一个办法，在老太太 90 岁高龄时，同她订了一份契约。契约规定，老太太有生之年，律师每月付给她 2500 英镑的生活费。老太太去世之后，她的房产归律师所有。然而，令律师意想不到的是，这生活费一付就是 30 年，直到律师去世，老太太还健康地活着。而律师总共付出 90 万英镑，就是按分期付款，30 年也足够买下三四套这样的房子。

上面这个律师因想占小便宜而吃了大亏，一时成为人们的笑谈，也给那些想占便宜的人上了一堂精彩的课。可是，有多少人还在重蹈覆辙，为了自己的一己私欲，牺牲别人来换取自己的幸福。有些人与同事、朋友、邻居的关系不好，正因为他们把利益看得过重，过于计较，总是争夺各种的“好处”，时间长了难免惹起周围人的反感，则必然成为“占小便宜吃大亏”的又一个例证。

在日常生活中，只要学会吃亏，你就会远离烦恼，遇事游刃有余，心底坦坦荡荡，快乐相伴。这种神仙般的滋味，是爱占小便宜的人根本体会不到的。

话虽如此，但能够主动吃亏的人实在太少，这不仅因为人性的弱点，更是因为大多数人缺乏长远的战略眼光，不肯舍得眼前小利。但是，如果你能够跳出这个思维的禁锢，吃点小亏，那么等待你的多半是大便宜。因此，遇事吃点亏、让一步，不是弱者而是英雄。

一首《吃亏歌》中唱道：“做人就应该能吃亏，能吃亏自然少是非。”其中的道理耐人寻味。

世界上没有白占的便宜，爱占便宜者迟早要付出代价。有的人见好处就捞，遇便宜就占，即使是蝇头小利也不会错过。这种人每占一分便宜，便失一分人格；每捞一分好处，便掉一分尊严。

把吃亏当做人生的投资

心理学家霍曼斯指出，人际交往在本质上是一个社会交换的过程。人们的一切交往活动及一切人际关系的建立与维持，都是依据一定的价值尺度来衡量的。

对于大多数人来说，对自己有利的或是得大于失的人际关系，人们就倾向于建立和保持；而对自己没价值的或者是失大于得的人际关系，人们就倾向于疏远和逃避，甚至中止这种关系。

正是人际交往的这种社会交换本质，就要求人们在与人交往时必须让对方觉得与自己的交往是值得的。然而，要做到这一点，则需要自己先做出必要的自我牺牲。

有位姓刘的企业家，他既没有高学历，也没有金钱，更没有辉煌的家庭背景，但他却很快在商业上获得了成功。当有人请教他成功的秘诀时，他说："我总是乐意向别人付出，因此也能得到别人的信赖与帮助。正是由此建立起来的良好人际关系，使我很快便走向了成功。"

这位平凡的企业家最初也是一个孤独的人，没有谁乐意与他交往，因为他太普通了。在忍耐了一段寂寞的人生之后，他从社会上逐渐悟出了这样一个道理：若要受到别人的欢迎，与人建立良好的人际关系，就必须做出必要的自我牺牲。

真正的与人交往之道，就是适当地给别人某些方面的"利益"。而这些"利益"，有时是物质方面的，有时则是精神方面的。

对于这位企业家这种在物质方面几乎一无所有的人来说，所牺牲的"利益"主要就是精神方面的。比如，无论多么忙碌，当有人来找他时，他都不会向对方表现出厌恶或不耐烦的样子，更不会拒人于千里之外。除非是真的无法抽身，他才会婉转地表达出自己的歉意，并在事后设法补偿缺憾。

他解释自己这样做的理由时说：“如果想要与别人建立起良好的人际关系，就不能不让对方感到与我交往是愉快、有利的。”

正因为他的细心、体贴以及懂得关照别人，他对周围人的体贴甚至超过了别人自己的想法。每当有人说要到他那里玩，他都表示欢迎，并希望来人能在自己这里住上几天。背地里他无论多么拮据和苦恼，但从不表现出来。他好像随时都在欢迎他人的光临，竭诚予以接待。当别人回去的时候，他甚至还想着给人带点小礼物、土特产之类的东西。他总是尽自己所能来满足别人的某些欲求，而他这种不怕牺牲自我利益的做法，也使别人对他有所帮助，从而满足了他心中的很多欲求，帮助他解决了许多实际困难。

事实上，每个人对周围的人都会怀有不同程度的期待之心，都想让与自己接触的人给自己带来某些利益。如果你能满足人们的这种心理，就一定能获得他们的好感。

长期以来，人们最忌讳把人际交往和交换联系起来，认为一谈“交换”就很庸俗，就亵渎了人与人之间的真挚情感。但事实上，人们在交往中总是在交换着某种东西，要么是物质的、利益的，要么是精神的、情感的；或者是兼而有之。

在进行交换的时候，每个人都希望“交换”对自己来说是值得的，企求在交换过程中得大于失，至少应该是得失相当。不值得的交换是没有理由的，不值得的人际交往更没有理由去继续维持，否则就无法保持心理平衡。

其实，无论多么亲密的关系，都应该注意从物质、感情等方面去“投资”。如果忽视了这一点，即使原来非常亲密的关系也会逐渐变得疏远、淡漠，使人陷入人际关系的困境。

然而，要想让别人觉得与你的交往确实是“值得”的，最好的办法就是积极地付出。这样做，会使人觉得你很豪爽、大度、重感情、乐于助人等，从而很快被他人接受和信赖。

在做出自我牺牲的同时，还要注意不要急于获得回报。在现实生活中，只愿付出、不求回报的人几乎是没有的。但是，急于得到回报的人往往是得不到回报的。因为这会给人一种“被利用”的感觉。

当然，对于大多数人来说，如果在付出之后却没有得到希望中的回报，就会感到自己“吃亏”了。但是，这种“吃亏”是值得的，除非你所碰到的是特别阴险、奸诈的人，否则就没有白吃的亏。

就普通人之间的交往来说，大家往往都遵循着付出和回报等价这一原则。你所给予对方的，将会形成一种社会存储而不会消失，一切终将以某种你意想不到的方式回报给你。而且，这种“吃亏”还会赢得别人的尊重，这反过来可以增加你的自尊和自信。显然，“吃亏”将带给人们一个美好的人际关系，而那些总是喜欢占便宜的人，其实是在损伤自己的尊严和信心、声誉。不愿牺牲自我利益而只想向别人索取的人，必将在社会交往中找不到立足之地。

让一步的学问

现如今，结婚、离婚都很正常，然而相互疼爱、白头偕老的夫妻同样大有人在。难道他们之间就没有一点摩擦吗？当然不是，当他们之间发生争执时，各自都能理智地让一步。

马克思与燕妮的感情特别好。马克思最喜欢“啃书本”，而燕妮所喜欢的是“缝纫”；马克思喜欢火红的色彩，燕妮则酷爱蔚蓝色。看上去，他们俩存在很大的分歧，但是他们之间相互包容、相互理解，因此甜蜜恩爱。

宋代词人李清照好动，她丈夫赵明诚喜静。李清照喜欢下棋，并且规定输了棋要填词，赵明诚棋艺不高，填词更不如妻子，但为了妻子，他还是理智地让步与包容，总是热情相陪。每逢天降鹅毛大雪，李清照即“戴笠披蓑”，以寻诗得句，且“必邀其夫筹和”，这对赵明诚来说无疑是个苦差事，但他总能热情陪伴。自然，赵明诚为金石学家也有醉心于方寸之石的时候，李清照也能克制自己不去打扰他。由于双方互相让步，互相适应对方的兴趣爱好，他们的感情经久不衰、愈久弥坚。

相反，如果夫妻发生矛盾后，彼此间都各执己意，任由自己的性格脾气说话处事，互不包容忍让，矛盾就会激化，使简单的事情变得复杂，夫妻之间就会失和，甚至吵闹，严重的还会以拳脚相加，最终造成感情破裂。

有一对夫妻，丈夫是中学教师，妻子是设计师。丈夫除了批改作业外，还喜欢读书，搞一点业余创作；而妻子下班后则喜欢听音乐、跳舞、看电影、养点花。

刚结婚的那些时候，每逢节假日，妻子经常要求丈夫陪她去看电影、一同参加舞会，丈夫只得强作相陪。

时间一长，丈夫感到老是这样等于白白浪费自己的时间，就宁愿在家看书，也不愿再经常出没于那些场所。丈夫有时读到好的诗歌、小说，觉得写得很精彩，便邀妻子共赏，但妻子却并不感兴趣，有时甚至显得无动于衷，有时貌似在听，实则心不在焉，丈夫也觉得自讨没趣。

丈夫说读书可以增长知识，使人明智；妻子说听音乐、跳舞可以获得精神享受，获得快乐；妻子埋怨丈夫不懂生活，丈夫指责妻子饱食终日、贪图享乐。

有时丈夫在灯下苦苦构思，而妻子却约来一些朋友，打开录音机，"嘣嚓嚓，嘣嚓嚓"地旋起舞步。不大的一间小屋，夫妻经常发生争吵，随着时间的推移，争吵的积累，他们之间的矛盾越来越激化，最终不得不以离婚告终。

无论是在工作中还是生活中，适时理智地让一步不仅可以帮助别人满足愿望与欲望，为别人提供方便；反过来，别人也会设法为你提供方便，帮助你、配合你。

英国博物学家达尔文在1839年就已经形成了进化论的观点，并陆续写成了手稿，但他没有急于付印发表，而是继续验证材料，补充论据。这个过程长达20年。

1858年夏初，正当达尔文准备发表自己的研究成果时，突然收到在马来群岛从事考察研究的另一位英国博物学家华莱士所写的题为《论变种极大地偏离原始类型的倾向》的论文，其内容跟达尔文正准备脱稿付印的研究成果一样。

在这个关系到谁是进化论创始人的重大问题上，达尔文准备放弃自己的研究成果，把首创权全部归华莱士，他在给英国自然科学家赖尔博士的信中说："我宁愿将我的全书付之一炬，而不愿华莱士或其他人认为我达尔文为人处世有市侩气。"

深知达尔文研究工作的赖尔坚决不同意达尔文这样做。在他的坚持和劝说下，达尔文才同意把自己的原稿提纲和华莱士的论文一齐送到"林奈学会"同时宣读。

华莱士这才得知达尔文先于他20年就有了这项科学发现，他感慨地说："达尔文是一个耐心、下苦功的研究者，勤勤恳恳地搜集证据，以证明他发现的真理。"他宣布："这项发现本应该单独归功于达尔文，由于偶然的幸运我才荣膺了一席。"达尔文并没有因为自己的礼让而失去什么，相反，除了科学上的成就之外，他还赢得了人们对他道德上的广泛赞誉。

让一步看起来很简单，但在现实生活中实施起来又是那么的困难。只有洞悉做人实质的人才能轻而易举地做到，而这种人也才能成为生活中的赢家。

别被失败蒙住双眼

有智慧头脑的人不会让失败挡住双眼，因为他们懂得放弃，懂得为了成功重新作选择。

失败很可能致命，失败所造成的严重后果，往往不在失败本身，而在于造成失败的这个人的态度。聪明的人能在失败中学到教训，处失败于泰然，知道自己失败之后应该怎么做。愚蠢的人只会一再失败，而不能从中学得任何经验。能从失败中获得教训的人，才能建立更强的自信心，直面错误并积极改正、继续努力，这样的人才可能获得成功。否则，一遇到失败就惶惶恐恐，不知所措，任其自然或想极力掩饰，这样是不会有什么作为的。

“我在这儿已做了 30 年，”一位员工抱怨自己没有被提升，“我比你提拔的很多人多 20 年的经验。”

“不对，”老板说，“你只有一年经验，你没从自己的错误中学到任何教训，你仍在犯你第一年刚做事时的错误。”

好悲哀的故事！即使是一些小小的错误，你都应从其中学到些什么。很多时候，我们不要局限在事实表面，不要以为错了，失败了，就是结果，就无从选择，你要能透过事实看到本质，知道为什么会犯这样的错误并加以改正才能有所进步。如果从一个失误中你能省悟到一个或 N 个经验，那么这个错误就是值得的。

“我们白白花费了很多时间，”助手对爱迪生说：“我们已经用了两万种材料做实验，仍然没找到能做白炽灯丝的东西！”

“不！”这位天才回答说，“我们已经知道有两万种不能当白炽灯丝的东西了。”

这种精神使爱迪生最终发现了钨丝，发明了电灯，从此改变了人类照明的历史。

美国著名的钻石天地公司成立之初的目的是从事钻石开采，但公司地质勘探人员犯了一个错误使他们没找到钻石，却发现了世界最大的镍矿之一。公司决策人员立即调整了经营方向。结果，公司的股票价格迅速飙升。现在，尽管公司仍在使用以前的名称，但其真正的业务却是制造镍币。

有智慧头脑的人不会让失败挡住双眼，因为他们懂得放弃，懂得为了成功重新作选择。

维斯卡亚公司是20世纪80年代美国最著名的机械制造公司，其产品销往全世界，代表着当时重型机械制造业的最高水平。许多人毕业后到该公司求职都会遭到拒绝，原因很简单，该公司的技术人员已经爆满。但是令人垂涎的待遇和令人自豪、炫耀的地位仍然向那些有志的求职者闪耀着诱人的光环。

詹姆斯是某知名大学机械制造业的高才生，和其他人一样，在该公司每年一次的用人测试会上，他的申请被拒绝了。其实，这时的用人测试会已经是徒有虚名了。但詹姆斯没有心灰意冷，他发誓一定要进入维斯卡亚重型机械制造公司，于是他采取了一个特别的策略。

他找到公司人事部，提出为该公司提供无偿劳动力。不管公司分派给他什么工作，他都不计任何报酬来完成。公司起初觉得这不可思议，但考虑到不用任何费用，也用不着操心，于是分派他去打扫车间里的废铁屑。一年来，詹姆斯勤勤恳恳地重复着这种简单劳累的工作。为了糊口，下了班他还要去酒吧打工。这样虽然得到了老板及工人们的好感，但是仍然没有一个人提到录用他。

1990年初，公司的许多订单被退回，理由都是产品质量有问题，为此公司将蒙受巨大损失。公司董事会紧急召开会议商议解决办法，当会议进行一大半却毫无进展时，詹姆斯闯入会议室，提出要直接见总经理。在会上，詹姆斯把问题出现的原因作了令人信服的解释，并且对工程技术上的问题提出了自己的看法，随后拿出了自己对产品的改造设计图。

这个设计非常先进，恰到好处地保留了原来机械的优点，同时也克服了已出现的弊病。总经理及董事会的董事见这个清洁工如此精明在行，就询问他的背景和现状。詹姆斯面对公司的最高决策者们，将自己的意图和盘托出。经董事会举手表决，詹姆斯当即被聘为公司负责生产技术问题的副总经理。

原来，詹姆斯在做清扫工时，利用清扫工可以到处走动的好处，细心察看了整个公司各部门的生产情况，并一一作了详细记录，发现了所存在的技术性问题并想出解决的办法。为此，他花了将近一年的时间搞设计，作了大量的统计数据，为最后的成功奠定了基础。

詹姆斯的聪明之处在于，他在遇到难以克服的困难时放弃了从正面进攻的方法，转而采用了一个小小的策略，重新选择了求职之路，最后照样取得了成功。

有的失败转眼就会被我们忘记，有些却能给我们留下深深的伤痛。但是，不管怎样，我们都不应该面对挫折惊慌失措、犹豫不决。失败了，要勇于放弃引你走进失败的那条路，果敢地为自己重新选择一条通向成功的路。

给，永远比拿愉快

付出和给予是我们立身成人之本。我们懂得付出，就永远可以有付出的资本；我们贪图索取，就永远有必须索取的企求。付出越多收获越大，索取越多收获越小。任何事都是有一定的收支,你付出了多少才会收获多少。付出时不一定痛苦，收获时却一定快乐。其实，懂得随时给予人帮助的人，不但能够方便别人，在某种意义上也是为自己创造机会，尽管你在帮助别人时并不是这么想。

很多年前的一个下午，英国一个乡村的田野，一位贫困的乡下人在田里耕作，听见一个少年救命的呼喊声，一个少年落水了。在这危险时刻，乡下人奋不顾身，把孩子救了上来。事后知道这个孩子是贵族世家的儿子。贵族亲自登门致谢，乡下人却拒绝了贵族，用他的淳朴诠释了一件感天动地的壮举。贵族接受了这份无偿的珍贵赠与，这无私的挽救孩子生命的给予！我想贵族是快乐的，乡下人的给予让他捡回了儿子的生命；乡下人同样是快乐的，他为一个家庭找回了儿子！

故事并没有结束。那位贵族因为敬佩乡下人的高尚，感恩他的无私给予，他也决定回赠。他决定把乡下人的儿子送到伦敦去接受高等教育，来回报这世间珍贵的情操，乡下人接受了这份给予。乡下人是快乐的，他的儿子圆了自己的梦想；贵族也是快乐的，他给予恩人一个梦想。乡下人的儿子后来从伦敦圣玛丽医学院毕业了，他后来被英国皇家授勋封爵、荣获诺贝尔 1945 年医学奖。他就是著名的亚历山大·弗莱明，青霉素的发明者。那贵族的儿子在第二次世界大战期间在伦敦患严重的肺炎，他也得益于青霉素的发明，从而治愈。他就是英国首相丘吉尔。

作家高尔基在给儿子的一封信中有这样一段话语：“要是你随时随地，在你整个的一生中，给人们留下的全是美好的东西——鲜花、思想和对你的亲切回忆，那么你的生活就会变得轻松愉快。”高尔基还在信的最后写道：“给，永远比拿愉快。”应该说作家通过儿子在岛上栽种时留下的鲜花对“给予”做了最美好的诠释，并说明给予是一种值得礼赞的美好行为。

在现实生活中，随着市场经济的发展、信息产业的发达，有人说人与人之间的关系变得越来越淡薄和疏离，但是要相信，只要世间能有真情涌动，只要人们能更多地对他人给予和奉献，就会有感动存在，我们的社会也会变得更加和谐和温暖。

当然，一个人给予他人时，也许对自身来说是某种意义上的亏空和缺失，但对他人却是圆满和丰富，甚至是拯救，这样就使给予本身有了深刻的内涵和崇高的境界。

在平淡的日子里，不要吝啬我们的给予之举，我们要多多地给他人雪中送炭，正如古语所说：“好事多做，莫问前程”，只要我们真心付出，也许我们的一句话、一个举动会使他人温暖一生。

“不要紧”，不计较的人生

在生活中，我们遇到不如意的事，学会对自己说“没关系”，会让你的生命更有光彩。

田丽曾经是一个多愁善感的女孩，面临生活中一些不如意的事常常会觉得孤立无援，然而一位教授的一节课，却让她改变了自己对生活的看法。

有一次，一位德高望重的教育学教授在田丽的班上说：“我有句三字箴言要奉送各位，它对你们的教学和生活都会有帮助，而且可使人心境平和，这三个字就是：‘不要紧’。”

田丽领会到了那句三字箴言所蕴涵的智慧，于是便在笔记簿上端端正正地写下了“不要紧”三个大字。她决定不让挫折感和失望破坏自己平和的心情。

后来，她的心态遭到了考验，她爱上了英俊潇洒的周云。他对她很要紧，田丽确信他是自己的白马王子。

可是有一天晚上，周云温柔婉转地对田丽说，他只把她当做普通朋友。田丽以他为中心构想的世界当时就土崩瓦解了。那天夜里田丽在卧室里哭泣时，觉得记事簿上的“不要紧”那几个字看来很荒唐。“要紧得很，”她喃喃地说，“我爱他，没有他我就不能活。”

但第二天早上田丽醒来再看到这三个字之后，就开始分析自己的情况：到底有多要紧？周云很重要，自己很要紧，我们的快乐也很要紧。但自己会希望和一个不爱自己的人结婚吗？

日子一天天地过去，田丽发现没有周云自己也可以生活。田丽觉得自己仍然能快乐，将来肯定会有另一个人进入自己的生活；即使没有，她也仍然能快乐。

几年后，一个更适合田丽的人真的来了。在兴奋地筹备婚礼的时候，她把“不要紧”这三个字抛到九霄云外。她不再要这三个字了，她觉得以后将永远快乐，她的生命中不会再有挫折和失望了。

婚姻生活和生儿育女不会有挫折失望？这当然不可能。有一天，丈夫和田丽得到一个坏消息：他们破产了。

丈夫把信念给田丽听了之后，她看到他双手捧着额头。她感到一阵凄酸，胃像扭作一团似的难受。田丽想起那句三字箴言：“不要紧。”她心里想：“真的，这一次可真的是要紧！”

可是就在这时候，小儿子用力敲打他的积木的声音转移了田丽的注意力。他看见妈妈看着他，就停止了敲击，对她笑着，那副笑容真是无价之宝。田丽把视线越过他的头望出窗外，有两个小孩正在兴高采烈地合力堆沙堡。在她们的后面，田丽家的几棵洋槐树映衬着无边无际的晴朗碧空。田丽觉得自己的胃不痛了，心情也恢复了平和，她还感到自己在微笑。于是她对丈夫说：“一切都会好起来的，损失的只是金钱。实在‘不要紧’。”

生命中有很多突发的变故，会给我们的心灵带来巨大的压力，很多人会因为这些压力而变得一蹶不振，甚至会因此而失去生活的勇气。

卡耐基曾说：“正如杨柳承受风雨，水适于一切容器一样，我们也要学会承受一切不可逆转的事实，对于那些必然之事我们要学会主动而轻快地承受。”面对这些人生的狂风暴雨，如果我们都能够对自己说一句“不要紧”，然后平静地接受它，时刻保持积极的心态，那么这些人生困难终将过去。

放下成见，化敌为友

卢梭有言："人类的真正感情，最不应该让成见给束缚了。"心怀成见者，看待人与事时就仿佛戴着一副有色眼镜，或变形眼镜，而他所看到的人与事也就失去了本来的颜色或面目。

每个人都有优缺点，在与人的交际中，要放下成见，用一颗最平常的心去接纳对方。这样你不仅能让朋友成为你永远的朋友，还可以不让敌人成为你永远的敌人。凡是能"放下成见，化敌为友"的人，必定能成为社交上的强者。

与人的交际中，当你用成见的眼光去看身边的人时，你的人生会变得死板而单调；而当你放下成见，用积极、发展的眼光看身边的人时，你会发现人生变得格外生动和多彩。切记，成见会蒙蔽你的眼睛，使你继续犯错误。所以我们要学会放下成见，不让成见影响我们的交际。

美国总统华盛顿在当上校的时候曾率部驻防亚历山大市，当时正值弗吉尼亚州议会选举。有一个名叫威廉·佩恩的人反对华盛顿所支持的候选人。由于两人所支持的候选人不同，所以两人发生了激烈的争论，而在争论时两人语言不免有冒昧之处，这本来很正常，也是在选举中常见到的。

但就在华盛顿不防之时，佩恩一拳将他打倒在地。华盛顿的部下见状立刻就冲上前去要教训佩恩。华盛顿急忙阻止说，不与心胸狭窄之人一般见识。之后极力劝说部下返回营地。

后来华盛顿竞选总统，由于要获得更多人的支持，所以要争取尽可能多的选票，议员建议他去争取一下佩恩。华盛顿的部下心中对佩恩还存在着当年的成见，觉得他是个心胸狭窄之人成不了大事。但华盛顿还是决定放下成见去约见一下佩恩。

第二天早晨，华盛顿托人带给佩恩一张便条，约他到酒店见面。佩恩也还记得他当年打过华盛顿一拳，于是想他们之间一定有一场决斗。但令他惊讶的是，等候他的不是决斗而是美酒。

见佩恩进来，华盛顿起身伸手迎接他，说："佩恩，人非圣贤，孰能无过。当年是我不对，不该说那样的话。不过，你已采取行动挽回了面子。如果你认为到此可以了结的话，请握住我的手，让我们成为朋友吧。"

佩恩当时就愧疚地低下了头，他紧握着华盛顿的双手说："不，是我不对，我不该那么小心眼儿，更不该出手打您。"

华盛顿听了佩恩的话觉得他早已不是记忆中的佩恩了。对佩恩之前的所有成见顿时消失得无影无踪。他们自此成了莫逆之交，在华盛顿之后的竞选中，他得到了佩恩的鼎力相助，最终获得了竞选的成功。

在交际与生活中，你对有的人可能也有多多少少的成见。但是你不能让这些成见一直存在在你的头脑中，要学会放下成见，学会化敌为友。多一个朋友你就多一条前进的路，而多一个敌人你就多了一堵阻碍的墙。道理很明显，何不像华盛顿一样试着放下成见与对方化敌为友呢?

相信吧！种瓜得瓜，种豆得豆，种下友善，收获祥和；种下仇恨，收获灾祸；宽恕他人，也是善待自身。在人生的旅途上，给别人让条路，其实就是给自己留条道。

三国时代，张飞"义释严颜"，这种"化敌为友"的事迹，成为历史佳话；诸葛亮"七擒孟获"，一次又一次地释放他，为的是要"化敌为友"；齐桓公把敌对的管仲待如上宾，故能九合诸侯，一匡天下。这一切都告诉我们在人际交往中，不要带成见前行，要学会如何化敌为友。

客观待人，勇于承担。敌和友不是水火不相融的，很多时候是在各自的利益争夺时产生的，而对某人的成见恰恰也是在此而产生的。

华盛顿对佩恩的成见就是在支持不同的候选人时产生的。而关键是要学会客观地看待人，不能永远心怀成见地去看待人，不仅这样还要勇于承担责任。华盛顿就是做到了这些而和佩恩化干戈为玉帛的。而这样的结果让他得到了更多的回报。

在你的交际中会有很多人提示你客观待人、勇于承担，你应该感谢他们。是他们让你学会了放下成见，是他们让你学会了更多地去化解敌对关系。学会放下成见，会让你的朋友越来越多；学会感恩则会让你的交际越来越游刃有余。

铲除心中成见的荆棘。我们最不应该让成见束缚了感情，却常常为成见所束缚。特别是那些脑袋里塞满先入之见而又不自知的人，无论于事识人都只凭经验的圈子去套的人，这样会大大地影响你的交际。要想自己的交际顺利地发展就要学会铲除心中的荆棘。

华盛顿放下了成见约了佩恩，也就是在这时他发现自己的成见在这一次见面之后被铲得一干二净。这样，他不仅少了一个敌人，相反还多了一个朋友。而从这件事上他一定感触很多，他一定会感谢让他有过成见的佩恩，是佩恩让他明白了不管对谁都要用发展的眼光去看待，而不能以一成不变的眼光看。

感谢那些曾经让自己有成见的人，是他们让你明白了只有铲除成见才能让你们的关系柳暗花明又一村。我们在交际与生活中要怀揣一颗感恩的心，让自己的交际网越来越大，越来越密。

他的话说明了一个道理：一件事情的好坏，取决于当事人对它的态度。意志坚强的乐观者面对诸多问题，总是抱着仍有可为的态度，遭遇变故会变得更加坚强。正如爱迪生的一句名言：“我的成功乃是从一路失败中取得的。”在现实生活中，大家要学会不断调节自己的视角，不要老是觉得自己很失败。其实成功是从失败中走过来的，保持一个积极乐观的心态比什么都重要，因为这才是正确的人生观。拥有乐观，你就能拥有更多的快乐，拥有乐观，你就能拥有成功。

放开胸怀，心灵也会笑

法国文学大师雨果曾说过：“世界上最宽阔的是海洋，比海洋宽阔的是天空，比天空更宽阔的是人的胸怀。”拥有宽阔胸怀的人，他能包容人世间所有的喜怒哀乐，酸甜苦辣。只有放开自己的胸怀，人活一世才会快乐。宽容是让你拥有快乐的一种胸怀，一种境界。

其实，世界上幸福的人，不是拥有的太多，而是计较得很少。不是你的烦恼太多，而是你的胸怀不够开阔。敞开你的胸怀，你会发现，原来世界这么的美好！有这么一个故事：

在印度有一位著名哲学大师，在他的众多弟子中，有一个弟子经常牢骚满腹，怨天尤人，不是抱怨别人对他不好。就是抱怨饭菜不合口味。哲学大师为了开导这个小肚鸡肠、心胸狭窄的弟子，就叫他到市场中去买盐。盐买回之后，大师吩咐这个每天都不快活的弟子抓一把盐放在一杯水中，然后喝了。“味道如何?”大师问。这位弟子皱着眉头说：“咸得发苦”。大师又叫他抓一把放在缸中，再叫他尝尝味道，弟子说：“有一点点咸”。大师又吩咐年轻人把剩下的盐都放进附近的湖里，然后又叫这位弟子去尝，这个年轻人捧了一口湖水尝了尝，大师问到：“什么味道?”“好像一点咸味也没有。”弟子答道。哲学大师趁机教导这位弟子说：“一个人生活中的不快和痛苦，就像这盐的咸味。我们所能感觉和体验的程度取决于我们将它放在多大的容器里，所以，当你处于痛苦时，请开阔你的胸怀。”

是的，你的胸怀就是你生活中的容器。在成长的道路上，大家会遇到很多的烦恼和困惑，当你感觉命运对你不公的时候，当你对生活感到不尽人意的时候，你就要不断地放开自己的胸怀。在宽广的胸怀里，一切不快和痛苦都显得那么的微不足道；在宽广的胸怀里，你将会感觉到快乐。在宽广的胸怀里，心灵会不由自主地发笑。

天空之所以辽阔无垠，是因为它收容了每一片云彩；高山之所以雄壮巍峨，是因为它收容了每一块岩石；大海之所以浩瀚无边，是因为它收容了所有的浪花。世间万物中，大海之所以能成其大，就在于它有一个宽广的胸怀。同样，人也应该有一个宽广的胸怀，这样才不会被世俗困扰和烦心。只有这样，才能拥有一份快乐的心境，快乐的生活。

当你以宽广的胸怀去看待眼前的这个世界时，你就会有另外的一番感受。何必让你的心处在阴晦之中呢，给自己的心开一扇窗，让阳光进来。当明媚的阳光抚摸你的心时，你会有一种异样的感觉，那就是阳光心态。拥有它，你将拥有超然豁达的人生；拥有它，你就不会在苦闷失落中迷失自己；拥有它，你就不会在色彩缤纷的社会中失去方向；拥有它，你会拥有阳光般的笑容。所以，请放开胸怀，以一颗宽容的心去看待现实吧，这样你的生活会更加灿烂和美好。

如果你是个心存快乐的人，就会觉得山是那么清秀，天空是那么蔚蓝，河水是那么清澈，鲜花是那么娇艳。如果你心存悲哀，那么就会看云云幻，看雨雨寒，看天天暗，看花花残。古人云：境由心生。所谓心境不同，所看到的事物当然也会不同，内心的感触也必定有很大区别。一朵花凋谢了，有人悲叹："一个美丽的生命消逝了！"有人却欣喜地说："我仿佛闻到了果实的芬芳！"在这个世界上，人与人各不相同，心和心也不尽相同，以至看待同一事物也会得到不同的结果。有人能从这个事物中感悟快乐，获得启示；而有人却从中得到烦恼，产生苦闷。所以，要想使自己过得快乐，活得精彩，就必须变换心态，美化心境，放开我们的胸怀。

有了这种宽广的胸怀，面对巍巍的高山，你会有"无限风光在险峰"的欣悦。面对漫漫长路，你会有"山重水复疑无路，柳暗花明又一村"的信心。面对茫茫的前途，你会有"长风破浪会有时，直挂云帆济沧海"的豪言壮志。所以，放开胸怀吧，让所有的不快即刻消失，因为心灵才是我们苦苦追寻一生的净地，好好热爱它，摒弃内心的心魔吧。这样爱的热土才会长出生命的奇迹。你的心灵也会随之欢笑，而且你的整个灵魂都会随之振奋起来。

做自己心情的主人

有句名言这样说道：我们无法矫治这个苦难的世界，但我们可以选择快乐地活着。快乐是自己内心的一种感觉，不是由别人来控制和决定的，它是可以选择的，不管在什么时候，我们始终有这个权利。只要我们愿意，快乐会伴随我们直到永远。

1965年，世界台球冠军争夺赛在美国纽约举行。当时选手路易斯·福克斯的成绩远远超过其他对手，也就是说他再得几分就会稳坐冠军宝座。然而，就在他准备比赛时，一个意外的事情发生了。

有一只苍蝇落在了台球上，此时路易斯只是挥手赶走了苍蝇，伏下身准备击球。可是当他目光落到主球上时，那只苍蝇也落在了主球上。在观众的笑声中，路易斯又去赶苍蝇，情绪也受到了影响。可是这只苍蝇似乎故意要跟他作对，他一集中精神准备击球，苍蝇就又回来干扰他，这使得场下的观众大笑不止。这时，路易斯的情绪已经坏到了极点，他已经失去了冷静，愤怒地用球杆去打苍蝇，可是不慎球杆碰到了台球，被判为击球，从而失去了一次机会。

当时他的对手约翰见此情景，信心大增，最终超过了路易斯，登上冠军宝座。比赛结束后的第二天，人们在河里发现了路易斯的尸体，他投河自杀了。

从这个故事看出，路易斯由于无法控制自己的情绪和心情，所以输掉了比赛，还毁掉了自己的生命。可以说，他并不是缺乏赢得冠军的实力，而是心理不够成熟，不懂得如何驾驭自己的情绪，被一些小事影响了成绩的发挥，从而失去性命。

现实生活中，很多人因为不懂得控制自己的情绪而给自己带来了无尽的烦恼和痛苦。有些人因为过分注重别人的评价而整日变得疑神疑鬼，闷闷不乐，甚至自卑。其实是大可不必的，自己就是自己，不必过于在乎别人怎么想，怎么看。要做自己情绪的主人，自己的快乐自己作主。

其实，快乐是有一个遥控器的。每个人的心中都有这样一个遥控器，然而只有真正懂得人生的人才知道如何运用它。真正懂得快乐为何物的人并不期待别人带给他快乐，反而总能把快乐带给别人。而更多的人则是把遥控器交给了别人保管，把幸福与快乐寄托在别人身上，让别人成为我们情绪的晴雨表。这些人都做了一个相同的决定，那就是让别人来控制他的心情。这样又怎么能够快乐呢？正如纪伯伦所说："人被情感支配，犹如一根柔嫩的细枝，在南来北往的风口中无法自持。"

当一个人允许别人来控制他的心情时，他便会觉得自己是一个被动的受害者，对现有的状况无能为力，于是抱怨便成了他们惟一的选择，并且认定了，自己的不快乐都是由别人造成的。这样的人似乎承认了自己不能掌握命运，只能可怜地任人摆布。有人说，其实痛苦和快乐是一对孪生兄弟，最关键的是你如何选择。就好比春天和秋天一样，如果你认为只有生机勃勃的春天能给你带来快乐而拒绝了秋天，那么秋天的到来一定会让你痛苦不堪，因为我们不能阻止时间老人的脚步。其实，不管是春天还是秋天，对你的生活来说都没有太大的影响，不同的只是你的感觉而已，如果你说服了自己选择快乐地度过秋天，你会发现，原来秋风瑟瑟，落叶纷纷的秋天也是另一种美丽。你的选择也许不是最好的，但是一定是你最爱的，一定是令你快乐的，一定是让你没有遗憾的！

当然，人不是非要快乐不可，但人为什么非要让自己不快乐呢?世界上的许多事本来就无所谓好坏，面对一件事情，你是保持乐观豁达的心境还是自寻烦恼，全在你的一念之间。选择自己认为正确的，并且尽自己的最大努力将其实现，那么，你永远都是快乐的。

不要抱怨人生路上，命运赐予我们的种种障碍或者不幸。因为它们往往是促使我们不断强大的动力，同时它们也有助于我们时刻保持清醒的头脑。这其实是人生难得的财富。所以关键的是要正确看待这些障碍，学会控制自己的情绪，因为快乐从心开始，而不快乐也始于心，所以控制自己的心是最为重要的。

把坏心态留给昨天

活在当下，把不良情绪留在昨天。也就是快乐来临的时候就享受快乐，痛苦来临的时候就迎向痛苦。过去的痛苦就让它过去。如果陷入过去的痛苦无法自拔，就永远体验不到今天的快乐。

放下是人的一种心境，也是人的一种胸怀，更是人的一种品格。“吃亏是福”，也只有豁达大度的人才能体会到其中的真正内涵。人生的诸多烦恼追根溯源就是不会放下，放不下。想有个好心情，就得学会从坏心情中解脱出来。肯放下坏心情的包袱，就会有好心情的到来。人在心情不好的时候，就越会不自觉地把坏心情抱得更紧，结果心情更坏、更难过。

有这样一个富翁，他背了许多财宝去远方寻找快乐。可是，历尽千山万水还是没有找到。于是他很沮丧，这时候，一个背着大捆柴草的农夫从山上下来了。他就问：“我是个令人羡慕的富翁，为何没有快乐呢？”农夫放下沉甸甸的柴草，舒心地擦着汗水说：“快乐也很简单，放下就是快乐呀！”富翁顿时恍然大悟：是啊，自己背着沉重的珠宝，既怕人偷又怕人抢，还怕被人谋财害命，整天提心吊胆，快乐从何而来？于是，富翁放下财宝，并用它接济当地的穷人。从那以后，富翁每日都过得很轻松，再也没有提心吊胆，反而因为帮助了很多穷人而受到大家的爱戴而高兴快乐起来。

我们在成长的道路上，有很多事情是没有必要去在乎的，有些东西是必须从脑海中清除的。该放下时就放下，你才能够腾出手来，抓住真正属于你的快乐！如果学会放下，试着放下，把属于昨天的东西统统留在昨天，就能够减轻心灵的重荷，使身体轻盈起来。

生活就好像是一只竹篓，如果感到沉重，是因为里面装的东西太多，所以就会感到压力，就会感觉到不快乐，正所谓作茧自缚就是这个道理。当你学会了享受生活，你也就释然了，那些不快也就离你而去了，活在当下，学会放下，那么好心情就永远属于你。

退一步总是海阔天空，如果放下坏心情，就能收获满心的喜悦。所以大家要学会放下昨天的不良心情，这样才能以轻松的心情迎接下一天的生活。

有些时候在心情不好的时候总是一味地沉浸其中，看什么都不顺眼，把坏心情死死抱着，关门不跟别人说话，嘟着嘴生闷气，锁着眉头胡思乱想，结果却使心情变得更坏、更难过。所以，要想活得轻松快乐，就要学会放下坏心情，拒绝它的折磨才行。

每个人都想时刻拥有好心情，但却并不是每个人都能拥有，关键就在于你是否能从原有的坏心情中开脱，从烦恼的死胡同中走出来。只要肯放下心情的包袱，好好审视清楚，抛开那些给自己造成困扰的想法，给自己一个清醒的头脑，学会放下、学会割舍，好心情自然就会靠近你。

一位旅者，经过险峻的悬崖时，脚下一滑，眼看就要掉下山谷，情急之下他攀抓住悬崖下的树枝，却上下不得，于是默默祈求佛陀慈悲营救。而这时佛陀真的出现了，伸出手来接他，并说："好！现在你把攀住树枝的手放下。"但是旅者执迷不肯松手，他说："把手一放，势必掉到万丈深渊，粉身碎骨。"旅者却反而把树枝抓得更紧，就是不肯放下。这样一位执迷不悟的人，佛陀也救不了他。

人们之所以会有坏心情产生，其原因就是人们习惯抓住某个念头，将其死死握紧，就好比那个执迷不悟的旅者一样，乞求佛陀的帮助. 当佛陀真的要帮他时却不愿意松手。每个人都有改变心情的机会，若不懂放下去寻找新的机会，发现新的思考空间，那只会让自己陷入愁云惨雾中，既然在当下的生活中，所有物质的东西都不能带给我们长久的快乐，那么我们能够做的就是守住自己心灵的宁静，调整好自己的心态，放下昨天的不快或者痛苦，忧伤或者烦闷。如果放下自己沉重的心思，心灵就会变得澄清明净起来，身心也自然变得轻松自在。

其实，自己的好心情与坏心情就在自己的一念之间。心情好与不好，只要换个想法，调整自己的心态，让自己有新的心境，只要自己肯稍做改变，就能抛开坏心情，迎接新的机会。把沮丧的事放下，把无精打采的愁容洗掉，坏心情必定会一去不复返。

第八章
以退为进，在忍耐之中长能耐

“忍”是一生的修行，忍耐心应该是一种“以退为进”的心态，是身心修养后方可具有的能力，它属于一种明心见性的“处世态度”，但是，“忍耐心”并不等于提倡无所作为，忍耐不是软弱，把忍耐心庸俗化、世俗化、简单化，都是对忍耐心本意的曲解。忍耐心是一颗超越的心，超越的过程是向物质世界和精神世界挑战的过程，而不是逃避。尤其人与人相处，难免有所不公与亏欠。能够在吃亏时不计较、不比较，能想得开，这就是成功者必备的忍耐心。

忍耐是一种德行

生活中有些事情，即使是努力了也无法改变的。生活中有些事情，是你永远也不会习惯的，但是只要你还要生活，这样的日子就还得一天天过下去，所以就得学会克制和忍耐。如果不能够做到克制，你就会为生活所累，就有可能被生活所击垮。

梵·高在成为画家之前，曾到一个矿区当牧师。有一次他和工人一起下井，在升降机中，他陷入巨大的恐惧。颤微微的铁索轧轧作响，箱板在左右摇晃，所有的人都默不作声，任凭机器把他们运进一个深不见底的黑洞，这是一种进地狱的感觉。事后，梵·高问一个神态自若的老工人：“你们是不是习惯了，不再感到恐惧了？”这位坐了几十年升降机的老工人答道：“不，我们永远不习惯，永远感到害怕，只不过我们学会了克制。”

这就像你或许不习惯黑夜，但黑夜每天都会适时而来，只要你忍耐着，黑夜总会过去，白天就会到来；或许你不习惯寒冷的冬季，但冬天的脚步渐渐逼近，你忍耐着，那春天就不会遥远；或许你不喜欢冰冷的雨季，但雨水仍会打湿大地，你忍耐着，阳光总会破云而出，照耀万物。

面对生活，把最坏的都捱过去，剩下的也就是最好的了。

有一个公司新调来一位主管，这让大多数的同事都很兴奋。因为听说这位新主管是个很有能力的人，他是被总公司专门派来整顿业务的。

大家都期待着新主管的作为。可是一天天过去了，新主管却一点动静都没有，每天彬彬有礼地和同事们打完招呼就躲进办公室，难得看他出来。那些本来紧张不已的害群之马，见他根本就没什么能力，便更加猖獗了。

大家在私下都说："他哪里是个能人啊，根本就是个老好人，比以前的主管还容易唬。"

4个月很快就过去了，就在那些真正努力工作的人对新主管感到失望时，新主管却突然发威了——害群之马一律开除，有能力的人则获得晋升。他下手之快、断事之准，如雷霆暴雨一般让人吃惊，与之前那个保守的他相比，简直就像全然换了一个人。

年终聚餐时，新主管在酒过三巡之后致词："相信大家对我新到任期间的表现，和后来的大刀阔斧，一定感到不解。现在请听我说个故事，各位就明白了：我有一位朋友，买了栋带着大院的房子，他一搬进去，就将那院子全面整顿，杂草枯树一律清除，改种自己新买的花卉。一天，原来的屋主来拜访他，一进门就大吃一惊，问他：'院子里那最名贵的牡丹哪里去了？'我这位朋友才发现，他竟然把牡丹当草给铲了！后来，他又买了一栋房子，虽然院子里也很杂乱，但他却按兵不动。果然，冬天里以为是杂树的植物，在春天里开了繁花；春天里以为是野草的，夏天里却成了锦簇；半年都没有动静的小树，秋天居然红了叶子。直到暮秋，他才真正认清哪些是无用的植物，这才下手铲除，并且使所有值得保留的草木都安然无恙。"

说到这儿，主管举起杯子来："让我敬在座的每一位，因为如果这办公室是个花园，你们就都是其间的珍木，珍木不可能一年到头都开花结果，只有经过长期的观察才能认得出来。"

同事们都报以热烈的掌声，怀着激动的心情和主管一起饮下了这杯酒。

只有克制和忍耐，才能让人度过寒冬，并看到人生的真正价值。如果只会匆匆忙忙地下判断，作决定，那该会错过多少牡丹和花团锦簇啊？所以，要知道，克制和忍耐是一种美德，它不仅能让你度过苦难，还能让你

留住美丽。

忍耐并不是逆来顺受，屈服于命运之神的诱惑与调遣，生活的沧桑使生命的深渊埋下难言的隐痛。忍耐却可以使人相信，隐痛必然消失，暴风雨过后的天空更加美丽。

忍耐不是消极颓废，在沉默中悄然降下信念的风帆，颠沛的人生使人感到迷离恍惚。忍耐却把难熬的寂寞、忧忿、艰辛强压在心底，不使它偷偷钻出来，漫开去，甚至倾斜心灵的天平。

忍耐是意志的磨炼，爆发力的积蓄。用无声的奋斗冲破罗网，用无形的烈焰融化坚冰。在忍耐中发愤，在忍耐中拼博，倔强的心灵在忍耐中受苦，然后生命的负累往往正是生命的光荣。如那高耸的丰碑，辉煌的业绩都诞生于忍耐之中。

学会忍耐，学会忍耐中锲而不舍地追求，在忍耐中更深刻地感受人生吧！

在忍耐之中成就自己

刚正直爽的确会受人敬重，可是往往也会不利于人际交往和成就大业，所以能控制自己的脾气和冲动，才会赢得最后的胜利。特别是我们经常会遇到一些对我们的事业有重大影响力的人，而这些人有的又会很多疑，如果不能谨慎小心的话，可能就不会令他信任自己，那么很多好的发展机会也就会随之溜走，严重的话可能还会带来祸患。

东晋明帝时，温峤在朝中掌握机要，深得明帝的器重。

大将王敦领兵在外，有反叛之心。他知道温峤十分有才干，担心温峤会对自己不利，于是请求明帝让温峤到他的军营任职。

温峤到军营后，王敦想拉拢他入伙，就对他说："你有胆有识，应当干大事业，如果有这样的机会，你会放弃吗？"

温峤早已看出王敦有谋反之意，他明知王敦在试探自己，却表现得十分痛快，连声说："你是做大事的人，正因为这样，我才乐意跟从你啊。有机会建大功，请不要忘了我。"

王敦十分满意，以为温峤和自己是一条路上的人，对温峤也不严加戒备了。

温峤稳住了王敦，但还是不失时机地规劝他为国尽忠。王敦毫不在意，温峤于是放弃努力，他对自己的心腹说："王敦反意已决，不可再劝了。我现在只能处处小心，否则一定会遭他毒手。"从此以后，温峤开始极力巴结王敦，说他有不凡之相。无论王敦说什么，温峤都极为附和，从无一句反对的言语，这让王敦更加地信任他。温峤的心腹劝温峤逃跑，他说："你在这里受尽委屈，稍有不慎就有杀身之祸，不如一走了之。"

温峤说："王敦派人监视我，我哪里跑得掉呢？即使我有逃跑的机会，也有可能被王敦抓回来。何况他现在还没有公开叛变，我逃出去也会被他加上罪名，反而不被朝廷所信任，我不能不慎重啊。"

温峤仍然忍耐着，又和王敦手下的死党钱凤交往。他夸奖钱凤智勇双全，有事无事都和他把酒言欢。不久，钱凤就视他为知己，对他另眼相看。

后来，丹杨知府一职空缺，钱凤推荐温峤继任，利用这个机会，温峤才脱离王敦的掌握，顺利回到京都。他将王敦欲谋反的消息奏报给朝廷，使朝廷有了充足的防范时间，并最终平定了王敦的叛乱。

在实力不如对手时，忍耐和取信于对方是很有效的办法，它可以让对手放松警惕，从而取胜。

有不少人为人处世提倡"以忍为上"、"吃亏是福"，这是一种玄妙高深的处世哲学。常言道：识时务者为俊杰。

汉初张良原本是一个落魄贵族，后来作为汉高祖刘邦的重要谋士，运筹帷幄之中，辅佐高祖平定天下，因功被封为留侯，与萧何、韩信一起共为汉初"三杰"。

张良年少时因谋刺秦始皇未遂，被迫流落到下邳。一日，他到沂水桥上散步，遇一穿着短袍的老翁，近前故意把鞋扔到桥下，然后傲慢的差使张良说："小子，下去给我捡鞋！"面对那人的侮辱，张良愕然，心中不禁有些不平，但碍于长者之故，只好违心地下去取鞋。老人又命其给穿上。饱经沧桑、心怀大志的张良，对此带有侮辱性的举动，居然强忍不满，膝跪于前，小心翼翼地帮老人穿好鞋。老人非但不谢，反而仰面长笑而去。张良呆视良久惊讶无语，不久老人又折返回来，赞叹说："孺子可教也！"遂约其5天后凌晨在此再次相会。张良迷惑不解，但反应仍然相当迅捷，跪地应诺。

5天后，鸡鸣之时，张良便急匆匆赶到桥上。不料老人已先到，并斥责他："为什么迟到，再过 5 天早点来"。第二次，张良半夜就去桥上等候。他的真诚和隐忍博得了老人的赞赏，这才送给他一本书，说："读此书则可为王者师，10 年后天下大乱，你用此书兴邦立国；13 年后再来见我。我是济北毂城山下的黄石公。"说罢扬长而去。

张良惊喜异常，天亮看书，乃《太公兵法》。从此，张良日夜诵读，刻苦钻研兵法，俯仰天下大事，终于成为一名深明韬略、文武兼备、足智多谋的"智囊"。

古往今来，"忍"字堪称众多有志之士的人生哲学。越王勾践也罢、韩信也罢，都曾忍受过常人难忍之辱，最终渡过了难关，成就了大业。清代金兰生《格言联璧·存养》中说："必能忍人不能忍之触忤，斯能为人不能为之事功。"

忍，是一种韧性的战斗，是一种永不败北的战斗策略，是战胜人生危难和险恶的有力武器。忍，是医治磨难的良方。忍人一时之疑、一时之辱，一方面可脱离被动的局面，同时也是一种对意志、毅力的磨炼。

《菜根谭》中有一句话："处世让一步为高，退步即进步的根本；待人宽一分是福，利人实利己的根基。"忍住自己的私欲、怒火，实际上是帮助你自己成就大业。

能耐，就是能够忍耐

韦文军传奇般的发家史被同行炒得沸沸扬扬，版本众多，他自己也毫不避讳：“其实我是刷马桶出身。”

第一天应聘时，韦文军忐忑不安地走进总经理办公室：“你好，我叫韦文军，今年刚毕业……”话还没说完，老板头都没抬一下：“出去！出去！我们不要刚毕业的！”韦文军当时感觉喉咙好像被石块堵住了一样，但他仍小心翼翼地说：“虽然我刚毕业，但是我挺有天分的……”罗老板粗暴地打断了他，高声地说：“出去！出去！我们员工个个都有天分！出去……”

韦文军马上拿出作品放到桌面上，罗老板扫了两眼，感觉还有点意思，耐着性子对韦文军说：“我们这里是无纸化办公，要求熟练操作电脑。”韦文军连连说：“我会，我会电脑！”软磨硬泡之下，罗老板答应试用他几天。没过几天，罗老板又走过来请韦文军走人，原来罗老板看出他只是会点皮毛。

如此三番五次的“摧残”，换了别人早就打退堂鼓了，偏偏韦文军是个天性倔强的孩子，他决心“赖”在这家公司不走了。

有人曾对他说过：在深圳自尊心最不值钱。一个人只有战胜自己的恐惧跟小小的面子，才能在这块土地上立足。

韦文军表示，他只想学电脑，不要公司任何报酬，只要管他吃住就可以了，并且每天为公司打扫卫生。罗老板最后开了个苛刻的条件，必须负责每天打扫公司的卫生间，包括刷马桶。

这家装修公司从此多了一个忙碌的身影。韦文军每天要把近700平方米的办公场所里里外外打扫个遍。从清晨一直干到中午，其间简单扒口饭，然后接着打扫厕所。等全面清洁工作做完后，大半天时间也就过去了。余下时间韦文军便坐在别人电脑前，看着别人操作。等大部分人下班后，韦文军再收拾一遍众人留下来的垃圾，匆匆吃过晚饭，趁着夜深人静看各种专业书籍，并且上机练习操作。

后来，韦文军觉着自己太缺乏建筑常识，想到总工程师那里去“偷艺”。他瞄准空子给“总工”端上一杯热茶，总工头都没抬一下说：“你刷完马桶洗手没有啊?”韦文军并没有轻易退却，他发现，这位总工每晚动笔之前必喝一口白酒，于是韦文军动用自己不多的积蓄买来各式名酒，还捎上一些下酒小菜，总工的脸上终于露出一丝难得的笑容，此后韦文军坐在他的身边被默许了。

有天夜里，罗老板主动来找他谈话，老板推心置腹地说起他自己。原来，他自己是哲学硕士出身，初到深圳的第一份工作竟然也是疏通下水管道，跟马桶结下了不解之缘。因为他当时看准了深圳这座移民城市装修市场的空白，于是放下书生架子做起疏通马桶的工作来，并由此攒下了创业的“第一桶金”。

他还说：“我对你的无情实际是一种有情，希望你能在苦难中得到教训跟收益!”最后还谈起了《圣经》里的“马太效应”：所谓强者越强，弱者愈弱，一个人如果获得了成功，什么好事都会找到他头上。大丈夫立世，不应怨天尤人，人最大的敌人是自己啊!

从那以后，公司任命韦文军正式上岗做设计师，每月底薪1000元，时间一长，罗老板发现韦文军的3D装修效果图画得好，中标率非常之高，经过反复研究，他发现韦文军色彩感觉特别好，马上提拔韦文军做设计总管，月薪加到6000元，并放手分给韦文军一些大项目做。这期间韦文军跟客户面对面接触的机会日益增多，增进交流的同时，工作局面日益复杂起来。许多心术不正的客户企图收买韦文军，通过金钱贿赂拿走公司的光盘与图纸，以躲避支付大宗的尾款。韦文军从不为所动，一一婉言谢绝。

1999年7月，公司接到了一个大单——“东海庄园”别墅群规划，设计费为200万元人民币，全部由韦文军一个人来完成。这时的韦文军已经很有经验了，上学时他的风景水粉画功底此时此刻大大地派上了用场。短短两个月内，仅3D效果图就画了37张。客户看了韦文军的图纸后赞不绝口，痛痛快快地将尾款全部划到公司账上。

此后韦文军又被提升为艺术总监，专门负责为3D图纸的艺术效果把关。他的月薪被加到两万，并另有年终提成。回想起自己一年前还在替公司刷马桶，韦文军感慨万千。

两年之后，韦文军带着积攒的50万元开了一家属于自己的装饰公司。与以往“惯例”不同的是，打工仔同昔日的老板成了铁哥们儿，韦文军与罗老板成了感情深厚的朋友。

重提过去那段往事，韦文军称刷马桶的经历实属上帝“负面的恩典”，他会抱着感恩的心去看待这段故事。他告诉我们一个成功的“秘密”——所谓能耐，就是能够忍耐！

屈辱地站着，坚强地活着

人自从生下来那天起，就要经历很多痛苦、悲伤、难过、泪水，经历过了，才知道什么是幸福、快乐。无论别人说什么，你都得走你的路；无论别人做什么，为自己带来了什么，你都得昂首阔步向前走。因为我们问心无愧，因为我们每一次的忍辱负重都是下一次快乐与幸福的开始。

有一个成功的企业家，掌管着一个拥有数千万元资产和数千名科研人员及员工的现代化民营企业。对于我们来说，他当然是一个成功的人。当有人问他成功的秘诀时，他是这样回答的，他说："你们看到的是我今天的阔气、潇洒和风光，你们可知道我曾经的落魄、寒碜和屈辱吗？一段时间，我身上一分钱都没有，几个夜晚是在深圳大剧院的台阶上度过的，将近一年是给人家当男佣、夜里与人家的宠物狗睡在一起度过的……那日子屈辱啊！我含羞忍辱，一忍再忍，屈辱地站着，坚强地活着，才终于有了今天的成就。

"屈辱地站着"——无论多艰难，多困苦，多屈辱，都要站着。胯下之辱是奇耻大辱，但韩信是不得不钻的，如果不钻，只有两个结果，一是他被那屠夫杀掉，从此没有了韩信；二是他把屠夫杀掉，他赢得了暂时的胜利，但从此也没有了韩信，因为他杀人了，杀人者偿命，他会被法律杀掉。任何一个结果，历史上就不会有韩信这个人。韩信之所以能作为成大业的形象在中国历史上千古流传，就因为他在忍辱负重时眼睛是看着未来的，心中有着远大的目标。

"坚强地活着"——活着就要坚强，就要勇敢地面对人生的各种屈辱和苦难。活着也许会不开心，但绝不要死心；也许会失望，但不要绝望；也许会有所放弃，但绝不要自暴自弃。

对于做大事者来说，忍辱负重是成就事业必须具备的基本素质。孟子说："天将降大任于斯人也，必先苦其心志，劳其筋骨，饿其体肤，困乏其身。"能在各种困境中忍受屈辱是一种能力，而能在忍受屈辱中负重拼搏更是一种本领。小不忍则乱大谋，凡成就大业者莫非如此。

同样，三国时期的诸葛亮污辱司马懿的故事也人人皆知。诸葛亮六出祁山时驻扎五丈原，司马懿深知自己的韬略不如诸葛亮而采取拖延战术久不出兵。诸葛亮派人向司马懿送去一套女人服装，并递信说："你如果不敢出战，便应恭敬地跪拜接受投降；如果你羞耻之心还没有泯灭，还有点男子气概，便立即批回，定期作战。"司马懿的手下看后，非常气愤，纷纷请战，但司马懿却坚守不战。不久诸葛亮因积劳成疾而死，司马懿没伤一兵一将，不战而胜。

难怪古人说："必须能忍受别人不能忍受的触犯和忤逆，才能成就别人难及的事业功名。"

勾践、司马懿两人之襟怀真可谓宽广至极了。但在现实生活中，我们却不难发现，一些人为了自己的一点蝇头小利，斤斤计较，与对方针锋相对，乃至大打出手；还有的人眼里揉不得沙子，得理不饶人。至于因一句过头的玩笑而反目成仇，因陌路相撞而大打出手，因邻里纠纷而刀枪相见，指望这种人成就大事，无异于天方夜谭。

忍耐也是一种动力。谚语云："万事皆因忙中错，好人半自苦中来。"要成就一件事情，须观察时机，等待因缘。受苦忍耐是一种承担、一种处理、一种等候，许多事业有成者都在忍耐多次失败后，愈挫愈勇，最后取得成功。因此幻想一夕有成，不如在艰难困苦当中忍耐与积蓄，一旦时机成熟，必然水到渠成。

宋人苏轼在《留侯论》中说："古之所谓豪杰之士者，必有过人之节，人情有所不能忍者。匹夫见辱，拔剑而起，挺身而斗，此不足为勇也。天下有大勇者，卒然临之而不惊，无故加之而不怒，此其有所挟持者甚大，而其志甚远也。”

有人认为和颜悦色、忍让无争、宽恕容忍与从不疾言厉色，就是十足的懦夫行径，殊不知这样的人才是真正具有大智、大仁、大勇的人物。有人更以为凡事忍耐、含垢受辱、承认过错及接受责罚便是懦夫，事实上，在衡量自身条件尚无绝对必胜把握时，暂时的忍辱负重是必要的。而死不认错，往往是怕负责任，才是真正的懦夫。

“一忍，可以当百勇；一静，可以制百动。”一个人胸怀坦荡磊落，能无所不包、无所不容，那就无事不能成、无功不可就了。古代所谓的豪杰人物，都有超过常人的修养，更有着忍耐一般人所不能忍的功夫。“必有容，德乃大；必有忍，事乃济。”能包容一切，方能接受一切、忍耐一切，然后必能改变一切、克服一切。所谓大肚能容、逆来顺受，并不是天生的懦弱，相反他正是一个成大功、立大业的强者！“忍受”能力，在某种意义上构成了背后的巨大动力，也是成功的绝对要素。没有强大精神状态的人，是不可能有成就和创造的。

别因为一时的进退扰了心境

天刚破晓，朱友峰居士就兴冲冲地抱着一束鲜花和供果，赶到大佛寺想参加寺院的早课。

可是，刚踏进大殿，迎面就跑出一个人，正好与朱友峰撞个满怀，将他捧着的水果撞翻在地。朱友峰看着满地的水果忍不住叫起来："你看！把我的水果全部撞翻了，你打算怎么办啊?"

那个人名叫李南山，他非常不满地说："撞翻已经撞翻，顶多说一声对不起就够了，你干嘛那么凶啊?"

朱友峰十分生气："你这是什么态度啊？自己错了还要怪人吗?"接下来，两个人互相咒骂起来，互相指责的声音很大。

广悟禅师正好经过这里问明原委后，说："莽撞的行为是不应该的，但是不肯接受别人的道歉也是不对的，这都是愚蠢不堪的行为。能坦诚承认自己的过失及接受别人的道歉，才是智者的举止。"

停了片刻，广悟禅师又说："我们生活在这个世界上，必须协调生活层面的事情太多了，比如：在社会上，我们需要与亲族、朋友取得协调；在经济上，我们需要量入为出，在家庭里，我们需要培养夫妻、亲子的感情；在健康上，我们又需要身体健全；在精神上，我们还需要选择自己的生活方式，只有如此才不会辜负我们可贵的生命。想想看，我们有这么多需要协调的事情，为了一点小事，一大早就破坏了一片虔诚的心境，值得吗?"

听到这里，李南山先生先说："禅师！我错了，实在太冒失了"。说着便转向朱友峰说："请接受我至诚的道歉！我实在太愚痴了!"

朱友峰也由衷地说："我也有不对的地方，不该为点小事就大发脾气，实在是太幼稚了！”

现实生活是复杂的，很多人都会碰到不尽如人意的事情。残酷的现实需要你对人俯首听命，这样的时候，你一定要谨慎面对。要知道，敢于碰硬，不失为一种壮举。可是，当敌人足够强大时你的强硬无异于以卵击石。一定要拿着鸡蛋去与石头斗狠，只能算作是无谓的牺牲。这样的时候，就需要用另一种方法来迎接生活。

忍一时风平浪静，退一步海阔天空。许多时候，为了一点小事而与人动怒，只会徒然耗费自己的时间和精力，想想多么不值得！

隋朝末年，由于隋炀帝的暴政，引起了各地的农民起义，天下陷于一片混乱之中，各路豪杰纷纷而起，北方的突厥也趁势南下抢掠。李渊作为隋朝的官员镇守太原，奉朝廷的命令剿除盗贼。这个时候，突厥用数万骑兵攻打太原，李渊遣部将率军出战，几乎全军覆没。后来还是巧使疑兵之计，才勉强令突厥退兵。而寇盗刘武周又在李渊分身无术的情况下，抢占了他所防守的隋炀帝的离宫汾阳宫，掳走了其中的美女珠宝，献给了突厥可汗。突厥可汗大喜，封刘武周为定杨可汗。其他各路强贼看到可以取得突厥的支持，便纷纷起兵闹事，使李渊防不胜防，腹背受敌，随时都有被隋炀帝处罚的危险。

这个时候，手下人都劝李渊和突厥决一死战。可李渊没有同意。他经过深思熟虑，知道现在天下大乱，隋朝已经失去了人心，他也有了进兵中原，取代隋朝的念头。如果要起兵，太原虽然是军事重镇，但毕竟地处一隅，并非理想的根据地。所以，还应该西下进入关中。为了达到这个目的，太原也是万万不能失去的。可自己手下兵将不多，又要防备盗贼，又要应付突厥，想守住太原根本不可能，只有先想办法，稳住突厥，才能保证太原的稳固，为自己的西进打下坚实的基础。

因此，李渊决定暂时对突厥采取低调的态度。他向突厥称臣，还主动向突厥提出了和亲的建议，并向突厥可汗献上了大量的美女珠宝，还和他约定，将来攻克中原之后，自己只要土地，美女珠宝尽归突厥可汗。他与突厥可汗书信来往的时候用的都是臣下身份的“启”而不是平等身份的“书”，甚至对突厥可汗派遣的普通使者都能够纳头礼拜，丝毫没有面子上的顾虑，完完全全地表现出了臣下的身份。惟利是图的突厥可汗十分高兴，果然与李渊修好，这样就斩断了刘武周的臂助，让李渊西进长安的时候不至于后方起火，失去太原。在李渊从太原进入长安这最艰难的一段日子里，他只需要留下三子李元吉率领少量的兵马留守太原，不用再担心突厥前来进犯，使李元吉能够治理好太原，为前线提供充分的后勤保障。后来刘武周虽然攻下了太原，但是李渊在长安的根基已固，再没有初起兵时的后顾之忧了。不但如此，突厥可汗还把大量的骑兵、粮草提供给他，这使得李渊能够组建起一支强大的骑兵部队进行西征，而力量强大起来的李渊很快夺下了不少地盘。

李渊的势力变得强大起来，这时，有人劝他结束与突厥的屈辱之盟，但李渊没有答应。他知道自己的力量虽然有所提高，但还没有完成统一，现在和突厥决裂为时过早，于是他依然和突厥交好，从而保障了北方的长久安宁。

后来，李渊建立了唐朝，唐朝的国力不断强大，到了他的儿子李世民为帝的时候，终于生擒了突厥的颉利可汗，洗刷了当年的耻辱。

如果李渊在战败的时候和突厥决一死战，以他微弱的兵力，肯定会被打得大败，也许连身家性命也保不住。如果他刚刚强盛起来，就急着起兵向突厥复仇，自己的力量也会在不断厮杀中变得衰败，无力出兵平定南方，唐朝的统一还要晚上许多年。如果他在国家初步安定的时候，就废除与突厥的盟约，则会使好不容易稳定下来的局面又卷入战乱的纷扰，不可能有后来的大唐盛世了。李渊正是深深地懂得低调的重要性，在力量不足的时候选择了屈服，不计较一时的眼前利益，才成就了长久的帝业。后来国力强盛，一举洗刷了当年臣服突厥的羞辱。所以，退是进的前提，不利条件下惟有退一步，才能积累进之时的足够力量，从而扭转乾坤。

想要少受折磨，先要自我折磨

假如：你每天数着时间过日子，早上起来急匆匆地赶着去上班，望着办公桌上一堆没有处理的文件，你总是感到头疼，当时间转到下班的时刻，手头总还有些没处理的工作，于是你对自己说，明天再弄吧。就这样一天又一天，你坐在自己的位置上，没有升迁的希望，却也不至于太窘迫，渐渐地，你习惯了这样的生活。

也许，你也会常常心生疑惑：那些人是如何成功的呢？可能，你生来就是一个平凡的人。其实，这些都不过是你安慰自己的借口而已，这些借口只会让你理直气壮地成为一个没有追求的人。要知道，一个相信奇迹的人，才可能遇到奇迹；一个严格要求自己的人，才可能成为一个出类拔萃的人。不要沉溺在天上掉馅饼的幻想中，若有，也不会送到你的嘴里，说不定正好把你砸晕，而馅饼却被别人捡走。

一个能够获得成功的人，必须具备常人不具备的能力，他必然能够容人所不能容，不断地对自己提出新的要求，他能承受住在旁人看来不能忍受的折磨，不断超越自己，创造出世人惊叹的成绩。

贝多芬的一生都醉心于音乐创作中，虽然他的成就已被广泛认可，然而他仍然对自己严格要求，作品也日趋成熟，深受世人的喜爱。一次，当他听到一位朋友弹奏《C小调三十二变奏曲》时，不由得皱起眉头问道："这是谁的作品？"

"你的啊。"朋友惊奇地回答说。

"我的？这么笨拙的曲子会是我写的？"贝多芬露出难以置信的表情，"啊，当年的贝多芬简直是个傻瓜！"

有一段时间，贝多芬甚至想毁掉他青年时期所作的歌曲《阿黛莱苔》和《降E大调七重奏》。这绝不是偶然的，像贝多芬这样的人，真可以说是“五十而知四十九之非”了。

歌德评论席勒的话，完全适用于贝多芬：“他每星期都在变化，在成长。我每次看到他时，总觉得他的知识、学问和见解比上一次进步了。”

我们常常抱怨上帝的不公平，有的人天资聪颖，有的人天生愚钝。然而，并不是所有聪明的人都成功了，也不是所有天资不高的人注定平庸一生，不是有公认的天才儿童仲永之伤吗？不是还有笨蛋小孩成长为轰动世界的大发明家吗？扭转命运的一切，就在于你对自己提出了哪些要求，在被别人折磨之前，你是否已经觉悟，学会折磨自己。

张强和赵峰是大学的同学，毕业后同时到一家规模不小的公司实习，初来乍到，聪明机警的赵峰很受大家的欢迎，他很懂得讨巧，办公室里的老员工们也就凡事都帮衬着他，而张强是一个有些木讷的大男孩，他每天都把自己的工作任务认真完成，而且为了多了解公司的业务，常常加班加点地学习。

对此，赵峰嗤之以鼻，认为张强是个不懂得应变技巧的木头人，他每天悠闲地喝着咖啡，看着张强忙得不可开交，觉得自己何其聪明。

日子久了，同事们发现张强是个勤快能干的小伙子，而赵峰虽然聪明伶俐却十分懒惰，渐渐地疏远了赵峰，等到公司进行人事考核的时候，张强因为表现突出而留了下来，赵峰由于业务不熟被退了回去。

当你羡慕别人的成就时，先问一问自己，你有没有付出像他一样的汗水，承受像他一样的打击，如果你没有做到这些，就不要简单地把别人的成就归结为幸运。

上帝不会给一个人太多，也不会给一个人太少，当你总是埋怨生活的不公时，不妨多想一想，对你期待的目标，你都付出了多少，天赋太差，背景不好，这些都不是借口，你不能成功的理由就是，你未曾为你的目标付出足够的努力。

大思想家苏格拉底曾意识到人作为自然生物的脆弱，与此同时，他也发现人是一种不断进化的生物，能够朝着某种理想而不断努力，完善和发展自身。同样的道理，一个人不管看上去是多么微不足道，都可以经过自身的努力，让自己取得长足的进展。

厚积薄发，把磨难变成财富

再怎么成功的人，也会有不顺心的时候，也会有徒劳无功的时候，也会经历磨难的侵扰，但这些人不会太在意这些逆境的信息，而是将其视为不完美的结果，坚持着忍耐下去，并且坦然面对，累积这些“结果”，达到最后的成功。

李嘉诚的亚洲首富不是凭空杜撰的，比尔·盖茨的几百亿美元更不是美国的海风吹来的。他们都经过了生活的历练，都经过了不如意的侵扰。在漫长的忍耐中，厚积薄发，最后一鸣惊人。

比尔·盖茨离开哈佛与保罗·艾伦一起经营微软之初并不如意。因为当时公司很小，BASIC 的发明并未引起轰动，当时的 IBM 与苹果公司甚至不屑与微软合作。这些不如意都没能让比尔·盖茨困惑，他在忍耐中不断探求。终于，在 Win95 推出后，比尔·盖茨让全世界的人记住了自己！

商业本身就充满了各种不确定因素，因此磨难必不可少，纵观千古成功的商人，忍耐几乎是必不可少的手段，经历过痛苦的磨炼，财运会随之而来。如果只是挣硬气、好面子，不懂得忍耐之道，不知晓伸缩之理，那么，你会看见财富从眼前哗哗流过而自己一无所获。

事理相通，商场的忍耐推而广之，就是成功之道。磨难并不可怕，关键看你能否忍耐，有一颗“隐忍”的心，那么，成功唾手可得。

为什么拿破仑能够突破重重阻力而叱咤风云？为什么海伦·凯勒在双目失明的情况下，心中依然有光明之梦？一个共同之处就是他们都经历过一个又一个的磨难，并且在磨难的打击中迅速成长起来。也正因为如此，伟人们镇定自若，“泰山崩于前而色不变，猛虎趋于后而心不惊。”

“宝剑锋从磨砺出，梅花香自苦寒来。”磨难就是财富，受宫刑之辱的司马迁痛定思痛，写出了千古名篇：“盖西伯拘而演《周易》；仲尼厄而作《春秋》；屈原放逐，乃赋《离骚》；左丘失明，厥有《国语》；孙子膑脚，《兵法》修列；不韦迁蜀，世传《吕览》；韩非囚秦，《说难》、《孤愤》。《诗》三百篇，大抵圣贤发愤之所作也。此皆意有所郁结，不得通其道，故述往事，思来者。”

张海迪在轮椅上完成了一部外国名著《海边诊所》的翻译；贝多芬丧失听力后，写出了传世的《命运交响曲》；陈景润在极其困难的环境中，完成了哥德巴赫猜想的论证；海伦·凯勒是一个又盲又聋又哑的人，而她却写出了鼓舞了千万人的《假如给我三天光明》。他们用自己的亲身经历，唤醒了许多对生活失去信心的人；他们用自己的奋斗经历，谱写了拼搏人生、战胜宿命的凯歌。

安逸舒适的环境容易消磨人的意志，最后导致人一无所成。接受命运的挑战是我们战胜磨炼、施展抱负、实现梦想的最佳方法。

任何一个成大事者必须具备忍耐挫折，忍耐成功前的艰辛和不如意时的侵扰。假如你想成功、想创业、想成名，一定要先掂量掂量自己：面对从肉体到精神上的全面折磨，你有没有那样一种宠辱不惊的“定力”与“忍耐力”。因为，创业要比一般人承受更多的困难、挫折乃至痛苦和孤独。无论遇到什么事情，哪怕是违背自己本意的事情，都得控制自己的情绪，不得有过激的言行；否则，你很有可能会前功尽弃。

人生不可能一帆风顺，机会也不会总顺风而来，蕴藏在逆境中的机会有时更加巨大，足以改变人的一生，所以，对于逆境也应该抱着一种忍耐的态度。磨难虽苦，但却可以化为人生的财富。

人生如果是一场表演的话，那么只有让她更具张力，你的表演才更具内涵。因为有了张力，水珠会变得晶莹剔透、饱满圆润；有了张力，人生就会不鸣则已，一鸣惊人。

生命是一张上帝签发的支票，就看你怎样去用。如果你善于忍耐，敢于用暂时的屈服，来处理不利的境遇，那么，你的人生就会更具张力，你的这张支票也就实现了价值的最大化。

台湾著名作家柏杨曾经是一个“火暴浪子”，他尖锐、激进。1979年，他因“美丽岛事件”被捕入狱，5年以后才被放出来。5年的牢狱生活彻底地改变了他。他成为“谦谦君子”，变得理性、温和。就连周围的人都感到惊奇：“现在的柏杨很有同情心，也知道替别人留余地，不像从前，总是那么火辣辣的。”

其实，柏杨不是没有过怨恨、绝望，他后来回忆他的狱中生活时说：他也曾经怨过、恨过。那段日子他经常睡不着觉，半夜醒来时发现自己竟然恨得咬牙切齿，就这样大约持续了一年。后来，他意识到不能这样继续下去，否则，他不是闷死，就是被自己折磨死。

想明白后，他坦然地面对一切，开始大量阅读历史书籍，光是《资治通鉴》前后就读了三遍。这些书籍给了他宝贵的精神食粮，他从这些书籍中领悟到：历史是一条长河，个人只不过是非常渺小的一滴水。他明白了一个道理：生命的本质原本就是苦多于乐，每个人都在成功、失败、欢乐、忧伤中反反复复，只要心中常保持爱心、美感与理想，挫折反而是使人向上的动力，使人的生命更具张力。

当柏杨忍耐下来后，他发现心境变得平和，思路也越来越开阔，后来，他在牢中完成了三部史学巨著。

英雄等待出头之日，必须要忍耐。在无尽的忍耐中，让心灵得到磨砺，让生命更有张力。生命是否有张力，完全取决于你自己。上帝用心良苦，让你通过另一种方式来获取幸福人生，你只要有悟性，放下悲痛，坦然面对，幸福就在那顿悟的瞬间开始。

人的一生不可能一帆风顺，遇到挫折和困难是难免的。当你人生走到了“山”的顶峰，必然会走下坡路，但如果你能做到坦然面对、心态放平稳，在忍耐中让自己变得更加坚强，让生命更具张力，那么你就有可能会在难言的忍耐之后，获得爆发的机会。

百忍的气度是成功的砝码

俗语说："得道多助，失道寡助。"但是，能否受到别人的拥护不仅在于是否有"道"，其实还有一个经常被人们所忽视的原因，那就是你是不是会包容别人，原谅别人犯下的过失。因为每个人都不可能是完美无缺的，都会有这样或那样的缺点，都会在有意或无意时犯这样或那样的错误。如果你时刻都以"放大镜"式的眼光去看别人的这些问题，那么你如何发现他们的优点，如何才能与他们相处得融洽，如何才能借助别人的智慧与力量成就自己的事业。另一方面，在容人的过程中更要做到能被人容，尤其要争取为那些力量比自己强大的人所容，而这一切，如果没有隐忍的气度是难以做到的。

西汉末年王莽篡位，改革不力，民不聊生，他很快就失去了民心。各路豪杰和农民起义军纷纷举起义旗与其展开斗争。这些起义军的领袖有很多都自称是汉代宗室，以示自己起义的正义性，同时借由人们对汉室的思念吸引更多的人加入。

其中就有刘縯、刘秀俩兄弟。他们也是打出匡复汉室的旗号参与领导的起义军，拥立族兄刘玄为帝，号更始帝。但是，刘縯、刘秀兄弟威名日盛，越来越受人爱戴，引起刘玄的不安，一些依附刘玄的将领们开始劝刘玄除掉刘縯、刘秀兄弟。

这时刘縯手下有一些人对刘玄当皇帝表示不服，于是就公开拒绝刘玄的任命，甚至有的人还说："本来起兵图大事的是伯升兄弟，现在的皇帝是干什么的?"于是刘玄就借封刘縯部将刘稷为抗威将军而不受之故，把刘稷及为他说情的刘縯杀掉了。

刘秀担心刘玄下一步要对付自己，就赶紧到宛城请罪。刘縯的部下去迎接他，他只是在公开场合下寒暄几句，表示过错在自己，但他也不与这些人私下交流，不讲昆阳的战功，不为哥哥服丧，饮食言笑与平常一样，若无其事。刘玄见刘秀没有反对他的意思，感到有些惭愧，就拜他为破虏大将军，封武信侯。但刘秀每当独居，总是不喝酒、不吃肉，以此寄托哀伤。就这样，表面上他顺从刘玄，暗地里却开始谋划大事，准备为兄长报仇。

刘秀就是后来建立东汉政权的光武帝。试想，当时面对兄长的惨死，如果他怒发冲冠，或者稍露一些不服之色，恐怕早就身首异处，中国的历史也就被改写了。

在现实生活中，有多少的口角、争斗与矛盾是由于失于忍让和包容而造成的呢？诸如我踩你一脚，你回我一眼，而且出言不逊，接着双方就怒目相对，仿佛是不共戴天的仇敌；或是在排队时争相推抢，一有得失，便恶言恶语，甚至当众出手……诸如此类的生活琐事，不胜枚举。然而正是因为这些小事却造成了许多无法挽回的后果。其实这些小事，只要稍稍忍耐一下，便会烟消云散，天地清明。

容忍是一种妥协，是一种策略，但并不是屈服和投降，它其实是一种非常务实、通权达变的智慧。很多人在发生争吵、摩擦的时候都不肯先低头，无论对方是男性还是女性，仿佛争吵输了是很丢人的事情，尽管有时明明心里想让步，只是放不下面子，不肯先认错、低头罢了。

在公共汽车上一个男青年往地上吐了一口痰，被售票员看到了，对他说："同志，为了保持车内的清洁卫生，请不要随地吐痰。"

没想到那男青年听后不仅没有道歉，反而破口大骂，说出一些不堪入耳的脏话，然后又狠狠地向地上又吐了几口痰。

售票员是个年轻的姑娘，此时气得面色涨红，眼泪在眼圈里直打转。车上的乘客也议论纷纷，有为售票员抱不平的，有帮着那个男青年起哄的，也有挤过来看热闹的。大家都关心事态的发展，有人悄悄说让司机把车开到公安局去，免得一会儿在车上打起来。

没想到那位女售票员定了定神，平静地看了看那位男青年，对大伙说："没什么事，谢谢大家！请大家坐好扶稳，以免摔倒。"同时一面说，一面从衣袋里拿出手纸，弯腰将地上的痰迹擦掉，扔到了垃圾箱里，然后若无其事地继续卖票。

看到这个举动，大家愣住了。车上鸦雀无声，大家将目光投向男青年，只见他脸上极其不自然。车到站还没有停稳，他就急忙跳下车，刚走了两步，又跑了回来，对售票员喊了一声："大姐！我服你了。"车上的人都笑了，七嘴八舌地夸奖这位售票员不简单，真能忍，虽然骂不还口，却将那个浑小子轻易制服了。

这位女售票员面对辱骂，如果忍不住与那位男青年争吵，只能扩大事态；与之对骂，耽误旅客的时间不说，又损害了自己和公司的形象；默不作声，又显得太亏了。她请大家回座位坐好，既对大伙儿表示了关心，又淡化了眼前这件事，缓解了紧张的气氛；她弯腰若无其事地将痰迹擦掉，此时无声胜有声，比任何语言表达的道理都更有说服力，不仅感动乘客，也感动并教育了那个男青年。

生活中，我们难免会碰到一些蛮不讲理的人，有的甚至是心存恶意故意刁难和欺侮。每当遇到这样的人和事，常让人觉得难以容忍。可是，不忍就会正中其下怀，给自己增添不必要的麻烦。这正如一首诗说的那样：忍字头上一把刀，遇事不忍祸必招；如能忍住心中气，过后方知忍字高。

大凡世上的无谓争端多起于芥末小事，一时不能忍，铸成大祸，不仅伤人，而且害己，此乃匹夫之勇。凡事能忍者，不是英雄，至少也是达士；而凡事不能忍者纵然有点愚勇，终归城府太浅，难成大事。

感谢那些曾经为难你的人

那些让你感到不舒服的人，在你的生命中川流不息，让你应接不暇，他们像一根根尖锐的刺扎在你的皮肤里，让你隐隐作痛，让你暴跳如雷，甚至怀恨在心。

当你还是个小孩子，会因为那个得不到的玩具而哭闹不止，埋怨父母的小气与冷酷；上了学，写不完的作业、做不完的习题让你焦头烂额，也常因老师的严厉批评而怨声载道；好不容易盼望着长大成人可以独当一面了，却发现，折磨你的人和事情反而更多。

你的亲人，你的敌人，你的老板，你的同事，你的爱人，你的对手，他们有的是满怀善意，有的是心怀鬼胎，这些让你又爱又恨的人们，在你的生命中设置了一个又一个的障碍，让你不得不打起精神，拼尽全力地赶路。然而，当疲于应对的你仍然追赶不上他们的速度，无法满足他们的要求时，你难免焦虑抱怨，甚至感到痛苦万分，你的人生为何充满了挫折和无奈？甚至，你觉得这些让你不舒服的人应该统统消失不见。

是的，这些让你不舒服的人是你人生路途上预示着磨难的危险信号，他们会让你感到羞愧愤怒、让你咬牙切齿痛不欲生。然而，终有一天，当你站在人生的下一个站台回望，所有曾经承受的委屈和压力都将释然，你会发现，他们是你发挥潜能、全力以赴的动力，让你一次又一次地突破自我，让你的人生拥有了更多的可能，他们，才是你最应该感激的人。

赵倩倩的眼圈红红的，她又一次被退稿了。看着眼前被批注得七零八落的稿子，她感到欲哭无泪，甚至对出版社的审稿编辑老赵产生了一股无名怒火：他就是在存心找茬吧。

要知道，她的这部小说，已经在网上连载了一段时间，评论和反响都还不差，未曾想到了老赵的手里，就出现了这许多的问题。

老赵是一个一丝不苟的人，赵倩倩觉得他简直就是一个不近人情的老学究，每一个句子他都要反复推敲，每一段情节他都要追根寻底，整篇小说被批注得一片红，他甚至警告赵倩倩，不要再犯小学生一样的低级错误。

再怎么说赵倩倩也是学校里小有名气的才女，她的名字更是频频出现在各大杂志上，她的许多文章也被很多同学追捧。然而，她的第一部长篇小说却被老赵屡次退稿，这严重打击了她的自信心。

赵倩倩产生了想要放弃的念头，然而天生好强的她又不甘心就此认输，几经考虑，她决定跟老赵较劲到底。她认真参考了老赵的意见，花了一个多月的时间，把整部小说认真修改了一遍。然而，送到老赵那里，又被挑出了一堆问题，赵倩倩咬着牙继续修改，一直到老赵满意为止。

那段时间，赵倩倩经常梦到老赵变成一个青面獠牙的怪物，张牙舞爪地要来吃了她，噩梦没有结束的时候，她的小说已经顺利出版了。让赵倩倩意想不到的是，她的书一上市就反响热烈，她甚至被人追捧着称为“文坛上崛起的一颗新星”。各种赞誉纷至沓来，当记者问到赵倩倩的写作感受时，赵倩倩真诚地对着电视屏幕说：“谢谢出版社的老赵。”

其实，每个人的身上都会或多或少地存在一些惰性，这些惰性掩盖了我们身上的闪光点，让我们不知道自己其实能够做得更好，而让你感到不舒服的那个人，往往能够激发出你身上的潜能来，让你超常发挥出自己的水平。

也许现在的你并不能意识到这一切，就像赵倩倩的感受一样，那些让你倍感折磨的人甚至可能成为你的噩梦，然而，当你一觉醒来，当你站在一个更高的地方，终会发现正是他们激励着你，让你完成原本认为不可能完成的任务。

张萌刚刚被提升为一家跨国公司的行政总监，很多人难以想象，年轻有为、聪明果断的他，当年也曾被很多老师当做是一个不学无术的小混混，甚至有人曾断言，他一辈子难有什么出息。说起他现在取得的一切成就，还要感谢他高中时候的“敌人”王老师。

那时候，张萌的成绩很糟糕，还常常逃课和学校附近的一群小混混出去混日子，父母很担心，就把他转到另外一所学校读书，张萌的新班主任王老师一向以严厉出名，最让张萌接受不了的是，父母以工作忙为理由，让他寄宿到王老师的家里。

张萌觉得在王老师家寄宿的日子，是一段难以磨灭的惨烈时光，他使出各种手段和王老师作对，都没有取得成功，王老师狡猾得很，总是不动声色地猜出他的心思，先发制人。王老师对暴躁无比的张萌说，如果想要离开这里，就要考上一所好大学。

从那个时候起，张萌拼命地学习，只是为了能够逃出王老师的“五指山”，那个时候，他甚至带着忿恨的心情，认为王老师抹去了他青春岁月的所有光彩，让他的生活变得灰暗无比，终有一天，他要扬眉吐气地回来跟王老师“报仇”。

张萌终于离开了王老师，他上了一所不错的大学，继而获得了一份让不少人眼红不已的工作，他不再是当初那个懵懂的青涩少年，漫长的时间让他成长为一个出色的优秀男人。

然而，当初的张萌可能无法想象，曾让他不惜一切代价摆脱的“敌人”，却成就了他今天的一切。如果没有王老师的严厉督导，没有来自“敌人”的高压政策，没人能够想象，一匹脱缰的野马会变成什么样子。

王老师老了，她过60大寿的时候，张萌兴致勃勃地回去张罗，甚至比王老师的亲生儿女还要积极。

当你感觉有些人是你无法原谅的，或者你对他的所作所为感到无法忍受，不要急着下结论，无论是何种原因的折磨，时间都会让它变得无足重轻，而经历了这些折磨的你，会变得更加成熟，更加精明，更加优秀，这对你而言，实在是非常宝贵的一笔财富，你又有什么值得抱怨的呢?

感激中伤你的人，因为他砥砺了你的人格；感激伤害你的人，因为他磨练了你的心志；感激欺骗你的人，因为他增进了你的智慧；感激鞭打你的人，因为他激发了你的斗志；感激遗弃你的人，因为他教导你该独立；感激绊倒你的人，因为他强化了你的双腿；感激斥责你的人，因为他提醒了你的缺点。

怀着一颗感恩的心，凡事感激，学会感激，感激一切使你成长的人!

第九章
忍气只为争气，鸿鹄之志曲中求

忍耐是一大智慧。这种忍，不是性格软弱，忍气吞声、含泪度日之举，而是高明人的一种谋略，是为人处世的上上之策。所谓忍之有道，是为图大业等待时机成熟的准备。这不是怯懦，更不是放弃，它是我们保全自身的手段；也是谋取更大成功的起点。所以说：人要受气、忍气、争气，千万不要泄气，忍气，可以说是通往成功之路的必修课！

睿智忍气，不逞一时之勇

俗话说：人心难测。社会上充满了各种各样的陷阱，一着不慎就可能万劫不复。做人处世应该三思而后行，尽量让自己的计划周详，这样才能避免失败。适当的忍耐和柔顺是必要的，这是为了避免不必要的麻烦和牺牲，也是为了最终达到自己的目的。

明朝嘉靖时期，奸臣严嵩受到皇帝的宠信，一时权势熏天，在朝中对不顺从他的大臣横加迫害，很多人都对他敢怒不敢言，许多有志之士更是把推翻严嵩当做目标。

当时严嵩任内阁首辅大学士，而徐阶也是内阁大学士，他在朝中很有名望，严嵩就多次设计陷害他。徐阶装聋作哑，从不与严嵩发生争执，徐阶的家人忍耐不住，对徐阶说："你也是朝中重臣，严嵩三番五次害你，你只知退让，这未免太胆小了。这样下去，终有一天他会害死你的。你应当揭发他的罪行，向皇上申诉啊。"

徐阶说："现在皇上正宠信严嵩，对他言听计从，又怎么会听信我的话呢？如果我现在控告严嵩，那么不仅扳不倒他，反而会害了自己，连累家人，所以这事绝不可莽撞！"

严嵩为了整治徐阶，就指使儿子严世藩对徐阶无礼，想激怒他，自己好趁机寻事。一次，严世藩当着文武百官的面羞辱徐阶，徐阶竟是没有一点怒色，还不断给严世藩赔礼道歉。有人为徐阶打抱不平，要弹劾严嵩，徐阶连忙阻止，他说："都是我的错，我惭愧还来不及，与他人何干呢？严世藩能指出我的过失，这是为我好，你是误会他了。"

徐阶在表面上对严嵩十分恭顺，他甚至把自己的孙女嫁给严嵩的孙子，以取信严嵩。直到嘉靖四十一年(公元 1562 年)邹应龙告发严嵩父子，皇帝逮捕严世藩，勒令严嵩退休。徐阶还亲自到严嵩家安慰。这一行动使得严嵩深受感动，叩头致谢。严世藩也同妻子乞求徐阶为他们在皇上面前说情，徐阶满口答应。

徐阶回家后，他的儿子徐番迷惑不解，说："严嵩父子已经获罪下台，父亲应该站出来指证他们了。父亲受了这么多年委屈，难道都忘了吗?"

徐阶佯装十分生气，骂徐番说："没有严家就没有我的今天，现在严家有难，我负心报怨，会被人耻笑的!"严嵩派人探听到这一情况，信以为真。

严嵩已去职，徐阶还不断写信慰问。严世藩也说："徐老对我们没有坏心。"殊不知，徐阶只是看皇上对严嵩还存有眷恋，皇上又是个反复无常的人，严嵩的爪牙在四处活动，时机还不成熟。他悄悄告诉儿子："严嵩受宠多年，皇上做事又喜好反复，万一事情有变，我这样做也能有个退路。我不敢疏忽大意，因为此事关系着许多人的生死，还是再看看情况定夺的好。"

等到严世藩谋反事发，徐阶密谋起草奏章，抓住严嵩父子要害，告严嵩父子通倭想当皇帝，才使得皇上痛下决心，除掉严嵩父子。

徐阶不逞匹夫之勇，默默忍耐，以柔顺的表面保全自己，终于等到时机扳倒了严嵩父子。

没有十足的把握就不动手，徐阶的做法可谓谨慎有加。正因为他能忍辱负重，示敌以弱，才能在严嵩的步步紧逼下化险为夷，最后抓住机会一举歼敌。

我们做人处世也应该谨慎小心，不能争一时之气，急躁冒进，否则只会撞得头破血流。

以忍辱示弱求胜

越王勾践卧薪尝胆的故事，无疑是最广为人知的以忍辱示柔求胜的例子。勾践在战败后，先是示之以柔，取信夫差，而后苦苦忍耐屈辱折磨，最终反败为胜。

周敬王二十四年，吴王阖闾统领大军亲征越国，越王勾践迎战。这次战争，以吴王阖闾大败而告终。阖闾在退兵回吴的途中，由于伤重恶化，而命殒黄泉。

阖闾死后，太子夫差接替了王位，服丧期间，夫差念念不忘杀父之仇，并对天盟誓：“一定要灭掉越国，为父报仇!”为了实现自己的誓言，坚定复仇的决心，夫差派人站在他每天出入的门旁，见到夫差时就高喊：“夫差，你难道忘记了杀父之仇吗?”夫差含泪答道：“杀父之仇，不敢忘记!”

为了早日实现复仇的愿望，夫差日夜操练兵马，储备粮草，铸造武器。经过三年多的充分准备，于周敬王二十七年，决定由大将伍子胥和伯吉率军30万，向越国进攻。

越王勾践不听范蠡和文种的劝告，率兵迎战，结果两军大战之下，越军兵士死伤无数，战败已成定局。勾践见大势已去，只好在众臣的保护下，仓皇逃跑，吴军势如破竹，穷追不舍，将勾践藏身的会稽山围得水泄不通。勾践束手无策，只得向大臣们寻求解困的良策，文种说：“如今之计，惟有求和。”勾践叹气说：“吴军已获全胜，此时又怎么会答应我们讲和呢?”文种说：“吴国的太宰伯嚭，是个贪财好色之徒。只需以重金和美女贿赂于他，求和就大有希望。吴王夫差十分宠信伯嚭，对他言听计从，只要他出面向吴王夫差说几句好话，求和之事，不怕夫差不同意。”

果然，伯嚭收下了美女和珠宝后，便向夫差建议同意越国的求和。夫差终于没有抗拒住伯嚭的花言巧语，同意了越国的求和，但提出要越王勾践夫妻去吴国做人质。勾践无奈，为了生存，更为了日后复国大计，只好遵照夫差的要求，放下国君的架子，带着王后和大臣范蠡，来到吴国。

到了吴国以后，勾践将带来的金银宝玉全部送给了夫差和吴国的大臣，自己住的是低矮的石屋，吃的是糠皮和野菜，穿的是连身体都遮不住的粗布衣裳，每天勤勤恳恳地打柴、洗衣、养猪，像奴隶一样，毫无怨言。

每过一段时间，夫差就要亲自巡视一番，看到勾践他们一直是这个样子，也就不再有所顾忌，认为他们所以能这样，是由于困苦和劳作，已经将他们折磨得麻木了，这样的人，还有什么值得提防的呢？

勾践在吴国两年多的时间里，一直忍辱负重，还不断让人贿赂太宰伯嚭，每次伯嚭收到越国送来的礼物后，都要去夫差面前，为勾践说情。时间长了，夫差也觉得即使放了勾践，也不会对吴国造成威胁。有一次伯嚭为勾践讲情的时候，夫差就透露了想放勾践回国的想法。但这个念头被伍子胥的一番慷慨陈词给打消了。

一天，勾践听说夫差生病了，就向太宰伯嚭请求探望，伯嚭奏请夫差，获得准许后，带着勾践来到了夫差的病榻前。勾践一到夫差面前，就赶紧伏地而跪，说道："听说大王病了，我心中万分着急，特意奏请前来探望。我略懂一些医术，可以为大王诊断病情，希望能得到大王的允许，也可借此表我效忠之心。"

这时，正赶上夫差要解大便，勾践等人都退到屋外，再次回到屋内时，勾践拿起夫差的粪便，仔细品味，品尝后，勾践伏地称贺："大王的病就要痊愈了。我刚才尝出大王的粪便是苦味，这预示病情好转。"

夫差见勾践对自己忠心到如此地步，非常感动，当即表示，病好后就送勾践回国。

勾践回国后一方面送出西施等美女迷惑夫差，一方面励精图治重整旗鼓，他为了不忘记在吴国的耻辱，就睡在柴薪上，吃饭的时候还要先尝一下苦胆，他和大臣亲自下田耕作，王后则亲自纺纱织布。在这种激励下，越国迅速恢复了元气，勾践终于重振雄风打败了夫差，一雪在吴国受到的屈辱。

如果勾践没有超人的毅力和容忍心，就不可能挺过那屈辱的三年，若是他没有向夫差示以柔顺恭谨，也不会得到夫差的信任，那么不仅越国复国无望，勾践自己的性命也堪忧。

每个人都可能会遭遇到困境，能有柔忍之心的人才有可能挺过难关，成就大业。无论是示敌以弱，还是韬光养晦，都是做人的奥妙所在。

忍一时之气，远一生之祸

在生活中，有许多灾祸、矛盾的起因可能都是些微不足道的小事，只因彼此针锋相对，谁也不肯吃亏，才会将问题升级，直到后来演变得不可收拾。这其中因口角之争而引发无穷祸患的例子不在少数。如果懂得适时退让一步，其实是可以将祸患化于无形的。

释迦牟尼佛祖在世的时候，也曾经遭人嫉妒、谩骂。有一次，他遇到一个人一直堵住他骂个不停。可是不管那个人骂得有多难听，释迦牟尼仍然心平气和地保持沉默，等到对方骂累了，歇下来了，释迦牟尼才问他："我的朋友，如果一个人送东西给别人，对方却不接受的话，那么那个东西是属于谁的呢？"

"当然是属于那个送东西的人啦。"那个人很不客气地回答。

释迦牟尼说："刚才你一直在骂我，可是我若是不接受这些赠礼的话，那么刚才那些骂人话是属于谁的呢？"

那个人顿时为之语塞，沉默了下来，他也因此意识到自己的过错，并发誓以后再也不诽谤他人了。

释迦牟尼把自己的这个经验告诉给弟子，要他们戒之慎之："一般人遭人辱骂后，总想回嘴报复，其实是不必要的。因为那个人总会自食其果，要想污辱别人，不但没有达到目的，反而会回报到自己身上，污辱到自己。因为当人开口辱骂别人的时候，就是在污辱着自己的修养和道德。"

所以说忍辱不是懦弱，而是智慧，愚笨的人是做不到忍辱的。宋朝学者程颐说："愤欲忍与不忍，便见有德无德。"由此可见柔忍关系到人的品德操行。

我们要和各种性格、地位的人打交道，所以要能包容各种人，各种看法，各种行为。

汉朝的吕蒙正刚任参知政事(副宰相)，一天正在准备上朝时，有一位官吏躲在门帘后面说："就是这个不学无术的小子当上了参知政事呀?"吕蒙正假装没听见就走过去了。与吕蒙正同在朝班的大臣非常愤怒，下令责问那个人的官位和姓名。吕蒙正急忙制止，不让查问。下朝以后，那些大臣仍然愤愤不平，后悔当时没有彻底查问。但是吕蒙正则说："一旦知道那个人的姓名，我就一辈子也不会忘记了，始终要记着他说过我的坏话，倒不如不知道他是谁为好，这样对我来说也没有什么损失。"当时的人都很佩服吕蒙正的度量。

我们在生活中可能遇到类似的情形，可能是别人不怀好意的侮辱，也可能是出于误解，甚至是平白无故的批评。如果我们不肯忍耐，非要追问个一清二白，那或许反而会把事情弄得更糟。

"忍一时风平浪静，退一步海阔天空。"这句流传甚广的话很多人都知道，但却不是每个人都能做到的。

晋朝的朱冲家里比较穷，以耕田种地为生，但是他品行端正，为人豁达。有一次，邻居家里丢失了一头小牛，就到处去找，结果看到朱冲家里的小牛和自己丢失的小牛长得很像，就以为是自己的，把牛牵回家里去。朱冲也没有争辩。后来，邻居在一片树林里找到了自己丢失的小牛，这才知道原来牵回的牛是朱冲的，他非常惭愧，就主动把牛还给了朱冲。

村子里还有一户人家，平时爱逞强称霸，蛮横无理。有一次，他家的牛跑出来吃了朱冲田里的庄稼，朱冲发现后把牛牵还给那户人家，既不生气也不责骂，只是好言劝他把牛关好。但过了几天，那头牛又跑到朱冲的田里吃庄稼，朱冲又像上次一样把牛牵还给那户人家。之后又反反复复发生了好几次类似的情况，朱冲始终和和气气。结果这户人家被朱冲的大度给感化，深深地自责起来，以后再不在村里横行霸道了。

我们在生活中总免不了要碰上一些不愉快的事，如果一味地争吵，往往不但不能辩出个是非黑白来，反而会凭添烦恼，甚至会气大伤身影响健康。最常见的就是那些在公共汽车上，因为拥挤而引起的摩擦和口角，不仅让当事人心情恶劣，同时也影响周围人的情绪。其实只要彼此都礼貌一些，容忍一些，退让一些，事情就不会变得那么让人烦恼了。苏武的故事可以说是我们学习的典范：

苏武字子卿，是西汉武帝时的中郎将。公元前100年，汉武帝任苏武为汉朝正使，护送匈奴使节回国，到达匈奴后，他已完成皇命，正准备起程回汉时，发生了一次意外事件。匈奴缑王和汉朝叛使卫律手下的虞常正在策划叛乱，准备联络卫律投降匈奴时所带来的原汉朝兵将，劫持匈奴单于的母亲，逃回汉朝。

虞常十分忠心于汉朝，痛恨卫律叛国求荣的可耻行径。他将自己的计划告诉给随苏武一同前来的张胜，张胜同意了他的计划，并给予支持。但是虞常被人告发，单于发兵追捕，缑王等人被杀，而虞常被活捉了。

事情败露后，单于大怒，准备杀死张胜和苏武。匈奴左伊秩訾劝阻说：“处死汉使未免太过分了。他们不过是想谋杀卫律，应该让他们投降。”单于命令卫律召见苏武，说明了他的意思，等苏武的回答。

苏武说：“我出使匈奴，是为了汉匈和好，如今让我投降，是玷污我的使命，纵然活着，还有什么脸面回国呢？”说完就拔出佩剑向胸膛刺去。卫律大惊失色，急忙上前抱住苏武，但苏武已经身受重伤，后来找来巫医救治了好长时间才苏醒过来。

苏武忠贞不屈、视死如归的气节，让单于深感钦佩，这一来他更希望能劝降苏武为匈奴效命了。于是早晚都让人去问候，想以此感化苏武。

苏武恢复健康后，单于命令卫律审问虞常和张胜，并将苏武带去听审，想借机威吓他。在审问中，卫律将虞常当场杀死，苏武镇定自若地说："只要你有胆量杀汉朝正使，那就杀吧，我并不怕死。"卫律见以死相胁迫并未见效，于是又用功名利禄来引诱苏武。

苏武怒骂道："你身为汉朝使臣，却忘恩背义，背叛了君主和国家，像你这种无耻之徒，我再也不想见你！你依仗单于的信任，随意杀人，从中拨弄事非，挑唆汉朝和匈奴相斗，自己却幸灾乐祸，真是无耻之极。"

苏武面对种种威胁利诱，始终恪守为臣之道，忠君爱国，保持自己高尚的气节。所以尽管卫律使尽了各种手段，却一直不能使他有丝毫动摇。单于听说苏武如此坚贞不屈，就命人将苏武关到一个大地窖里，不给饮食，想以肉体的折磨迫使苏武屈服。匈奴所在之地气候寒冷，北风夹着大雪呼啸不止。苏武躺在地窖里，渴了吃把雪，饿了吃毡毛，居然活了下来。匈奴人对此感到十分惊奇，单于对他无可奈何，就将他流放到北海牧羊。并对苏武说："等公羊下了小羊，我就放你回汉朝。"

北海是一片原始大地，千里无人烟，气候异常寒冷，积雪常年覆盖在大地上，鸟兽罕至。苏武来到北海后，没有粮食，没有饮水，饿急了就挖鼠洞，将洞中的草根、野果取出来充饥。苏武昼夜不肯放下象征汉使身份的节杖，时间长了，节杖上的旄毛全都脱落，他还是不肯丢弃。

苏武在北海期间，曾经和苏武在一起做过汉武帝侍从的李陵投降了匈奴。单于派李陵去劝降苏武，李陵来到北海后，对苏武说："单于一直在等你回心转意，今生今世你恐怕也不能回到汉朝了，在这万里荒原之中白白受苦，谁又能知道你的忠义呢？近些年来，皇帝年事已高，总是做出反复无常的事来，大臣中没有什么过错就被灭族的有几十人，您还为谁效忠呢？"

苏武说："我心甘情愿以身报国，如果单于一定要我投降，那我就只能一死以示忠心了。"后来李陵再次来北海探望他的时候，告诉他汉武帝去世了，苏武听后，面向南方大声痛哭，一连哭了几个月。

汉昭帝即位后过了几年，匈奴又向汉朝表示希望恢复和亲，汉朝就要求放回苏武等人，匈奴谎称苏武已经死了。后来，汉朝又派使者去匈奴，常惠设法买通了看守他的匈奴兵，趁着黑夜去会见了汉朝使者，将苏武的消息告诉他们，并献计如何揭穿匈奴的骗局。

第二天，汉朝使者面见单于，说：“我们皇帝在打猎的时候，射中一只大雁，雁的脚上绑有一条绫绸，是苏武写给皇帝的信，信中说他被囚在北海放羊，你怎么说他死了呢?”单于只好放苏武回汉朝。

公元前81年春天，苏武带着剩下的9个人回到了汉朝京城长安。汉昭帝下令，为苏武准备了牛羊等祭品，拜祭了汉武帝的灵位，将节仗交还到汉武帝灵前。至此，苏武19年的磨难才终止了。他忍屈受辱，忠贞不屈，永不失节的感人事迹，震撼了朝野，令人敬佩之至。

苏武的忍耐长达十几年，但也正是因为他的坚持和忠诚，才能在长久的忍耐之后，回到自己魂萦梦牵的祖国。而苏武牧羊的故事更是长久地流传下来，作为一个坚强不屈的形象刻印在人们心中。

这样品性高洁的人，上则为日月，下则为河岳，是千百年来令人敬仰和学习的。这样的柔忍不意味着软弱，也不意味着无能。相反，它是以强大的意志力和高尚的品格作为支持和动力的。

把怒气踩在脚下

怒气会使人变得冲动，在失去理智的情况下容易做出不妥当的事来。如果能够忍住一时之气，等平静下来再处理问题，相信解决起来要更容易些。而且，一个不能够克制自己脾气的人，也就很难处理好自己的人际关系，试问谁愿意和一个脾气暴躁的人共事呢？

在海军服役两年后，威拉德·斯科特于1958年回到了华盛顿。正如他所料想的，他以前服务的公司——全国广播公司正在等他回去工作。但是他没有料想到的是，公司换了新的老板，而且不知道是什么原因，这位新上司看起来好像不太满意他。

开始的时候斯科特尽量保持冷静，他努力工作，想向上司证明自己的实力。可是后来有一件事让他忍不住了。《快乐孩子》这个节目是斯科特和他的好友兼助手埃迪·沃克一直在主持的滑稽节目，但是新上司给他们安排的时间却差得不能再差了——将近午夜！

斯科特怒火中烧，他准备找老板大吵一架，哪怕因此丢掉饭碗也在所不惜。可是，他马上又想起来了《圣经》中所罗门王的一句话：“有见识的人不轻易发怒，宽恕别人的过失，便是自己的荣耀。”于是他冷静了下来，和埃迪·沃克接受了这一讨厌的时间安排。

他们任劳任怨、勤勤恳恳地干了三年后，这个节目成了华盛顿地区最受欢迎的滑稽节目。而更为重要的是，他意识到了自己以前和老板打交道的时候也有错误。因为知道老板不喜欢自己，所以作为报复，他要么对老板不客气，要么就是尽量离他远远的，总是把矛盾搞得更为激化。可是有一天，老板邀请他去参加一个电台工作人员的聚会，斯科特没有办法推辞，只好去了。在那里，斯科特见到了老板的未婚妻，那是个漂亮活泼、待人诚恳的好姑娘。斯科特想，这样美丽热情的姑娘又怎么会喜欢一个一无是处的男人呢？通过她，斯科特对老板的为人有了新的认识。

渐渐地，斯科特对老板的态度改变了，而老板对他的态度也逐渐改变了。事实上，他们成了好朋友，他仍然在全国广播公司工作，后来还担任了《今天》这一节目的气象预报员。

真要感谢所罗门王的教诲。如果不是所罗门王的那句话让斯科特冷静下来，如果他没能忍住那一时之气，没耐住那三年的辛苦，那么他也就不会成为公司里重要的一员了。

有人说："骄傲的人眼中没有神，嫉妒的人心中没有邻居，发怒的人就连自己也不存在。"的确是这样，那些从不克制自己怒气的人，就像走到哪里烧到哪里的火。也许他自己还会觉得："我的脾气来得快去得也快，发完火就忘了。"他自己或许是忘了，但被他的怒火所殃及的人会那么快就忘吗？这样给家人、朋友、工作伙伴带来不快的人，自己都不明白为什么别人不愿意同他合作。其实，如果他能够稍稍忍耐一些，不让怒气控制自己的理智，那么就会和别人相处得更和谐，处理事情也会更方便。

有一个妇人对布道家毕利桑戴说："我虽然脾气不好，常常发火，但是我生气永远不会超过一分钟。"

毕利桑戴说："手枪开火也只需要一秒钟而已，但你知道手枪的杀伤力有多大！人生气时最大的伤害，就是从你口中发出的。所以雅各才说，若有人在言语上不犯罪，他就是一个完美的人了。"

在美国阿拉斯加，有一个年轻人的妻子因难产而去世了，他忙于生活，没有多少时间来照顾孩子，就训练了一只狗。那只狗聪明听话，懂得照顾小孩，会咬着奶瓶给孩子喂奶，还会耐心地看护着小孩爬来爬去，但不让他爬出门口。

有一天，主人出门去了，留下狗和孩子在家里。因为突降大雪，他在别的地方无法及时赶回家，第二天才回来。听到主人的声音，狗就跑出来迎接他，他看见狗的嘴里有血，心中不由一惊。冲进家门一看，到处都是血，床上也是血，孩子不见了。而那只狗还摇头摆尾地向他撒娇。

他以为是这只狗狂性大发，把孩子吃掉了，大怒之下，抓起墙边的斧头砍在狗的脑袋上，当场把狗杀死了。这时候，他忽然听到孩子咿咿呀呀的声音，接着就看到孩子从床底下爬了出来。他抱起孩子，发现孩子虽然身上有血，但是并没有受伤。他不明白是怎么回事，再仔细看看被杀死的狗，狗的一条腿上缺了块肉。他在房后发现了一条被咬死的狼。原来，在他不在家的时候，狼跑进来想吃掉小孩，是狗和狼殊死搏斗救了小主人。

这时，恍然大悟的主人才感到后悔莫及，面对无辜惨死的狗忏悔不已。如果他能多忍一分钟，不被怒火蒙蔽住眼睛，那就不会发生这样的误会了。

误会常常是我们在日常生活里会和别人发生纠纷的一个主要原因，而误会的事，往往是在不了解、缺乏理智、缺少耐心、不能体谅对方反省自己、感情极为冲动的情况之下发生的。误会一起，就会只想着对方千错万错，使得误会越陷越深，直到不可收拾。

人对于无知的小动物尚且会发生误会，产生如此可怕的后果，如果缺少忍耐，人与人之间的误会可想更会造成难以想象的后果。

有一个男孩脾气很坏，动不动就会发火，于是他的父亲给了他一袋钉子，并且告诉他，每当他发脾气的时候就钉一根钉子在后院的围墙上。第一天，这个男孩钉下了 37 根钉子。慢慢地每天钉下的数量减少了，他发现控制自己的脾气要比钉下那些钉子来得容易些。

终于有一天，这个男孩再也不会失去耐性乱发脾气，他告诉他的父亲这件事，父亲告诉他，现在开始每当他能控制自己的脾气的时候，就拔出一根钉子。

日子一天天地过去了，最后男孩告诉他的父亲，他终于把所有钉子都拔出来了。

父亲握着他的手来到后院说：“你做得很好，我的好孩子。但是看看那些围篱上的洞，这些围篱将永远不能恢复成从前的样子。你生气的时候说的话将像这些钉子一样留下疤痕。如果你拿刀子捅别人一刀，不管你说了多少次对不起，那个伤口将永远存在。话语的伤痛就像真实的伤痛一样令人无法承受。”

这位父亲的话实在是太对了，但是这样普遍的道理却常被人们所忽略。人与人之间常常因为一些琐事，而给对方造成永远的伤害。生气时说出的话，就像无形的刀子，虽然不会给人的肉体造成伤害，但却会给人的心灵造成比伤口更深更难愈合的伤害。而人们却常不以为然，认为那种心理上的伤害并不算什么。

如果我们都能够学会柔与忍的做人哲学，在生气的时候多忍耐一分钟，在处理问题的时候多讲究些方法，那一定会收到许多意想不到的效果。

学会控制自己的情绪

某个政党有位刚刚崭露头角的候选人，被人引荐到一位资深的政界要人那里，希望这位政界要人能告诉他一些政治上取得成功的经验，以及如何获得选票。

但这位政界要人提出了一个条件，他说“你每次打断我说的话，就得付5美元。”

候选人说：“好的，没问题。”

“那什么时候开始?”政客问道。

“现在，马上可以开始。”

“很好。第一条是，当你听到对自己的诋毁或者污蔑，一定不要感到愤怒。随时都要注意这一点。”“噢，我能做到。不管人们说我什么，我都不会生气。我对别人的话毫不在意。”

“很好，这是我经验的第一条。但是，坦白地说，我是不愿意你这样一个不道德的流氓当选的……”

“先生，你怎么能……”

“请付5美元。”

“哦！啊！这只是一个教训，对不对?”

“哦，是的，这是一个教训。但是，实际上也是我的看法……”资深政客轻蔑地说。

“你怎么能这么说……”候选人似乎要发怒了。

“请付5美元。”

“哦！啊！”他气急败坏地说，“这又是一个教训。你的10美元赚得也太容易了。”

“没错，10美元。你是否先付清钱，然后我们再继续谈?因为，谁都知道，你有不讲信用和喜欢赖账的‘美名’……”

“你这个可恶的家伙!”候选人再也控制不住了。

“请付5美元。”

“啊！又一个教训。噢，我最好试着控制自己的脾气。”

“好，收回前面的话。当然，我的意思并不是这样，我认为你是一个值得尊敬的人物，因为考虑到你低贱的家庭出身，又有那样一个声名狼藉的父亲……”

“你才是个声名狼藉的恶棍!”

“请付5美元。”

这就是候选人学会自我克制的第一课，他为此付出了高昂的学费。

然后，那个政界要人说：“现在，就不是5美元的问题了。你要记住，你每发一次火或者对自己所受的侮辱而生气时，至少会因此而失去一张选票。对你来说，选票可比银行的钞票值钱得多。”

缺少忍耐的结果常常是事情难以圆满解决，甚至会因一时愤怒酿成大错或大祸，这在现实生活中绝非少见。古希腊哲学家毕达哥拉斯认为人在盛怒下常常会做出不理智的行为，他说：“愤怒从愚蠢开始，以后悔告终。”培根则告诫道：“无论你怎样表示愤怒，都不要作出任何无法挽回的事来。”

从某种意义上说，忍耐是保全人生的一种谋略，因为小不忍则乱大谋，因为风物长宜放眼量。忍耐是一种弹性前进的策略，它是人生的延长线，就像战争中的防御和后退有时恰恰是赢取胜利的一种必要准备。

一个心地刚正的人，看到奸，听到虚伪的谎话，悟到是非，路见不平都会动怒的，这是他的本性使然。可在夫妻生活中出现的种种争吵，在很大程度上却是由于微不足道的小事或琐事而引起的。有时是一句话不相投，一件事没办好，一点活没干好，就引起了对方的愤怒，甚至吵架。

小薇是个爱美的人，她很有自己的主见，凡事都想按自己的方式来做。她又是个喜欢动怒的人，动不动就迁怒于别人，老公常常被她暴啐一顿。

有一次，她丢下几件衣服要老公替他洗，就跑到卧室跟姐妹网聊去了。

老公在卫浴间大干一番后，终于把衣服洗好了，拿到阳台去晒。等他一挂完，小薇瞧了一眼，大叫一声："哎呀，你怎么搞的，我这件内衣刚买的，就被你给混上色了，你给我赔300块！"

"我是分开洗的，只是洗完后放在一个盆里甩干的，没想到这样也会混色。"

"你这个笨瓜，我交代你一样一样洗，就不知道分开放。太不动脑筋了。"

"内衣穿在里面，沾这么小块色又看不出来，至于生这么大气吗？"

"不行，我想到这块混色心里就不舒服。你要是不给我赔一件，我就跟你拼了。"小薇是振振有词，使劲一甩手里的鼠标。老公暗暗退下，不与她争吵。

"你，你要跟谁拼了？要不要我来给你当保镖啊？"对方朋友的网络声传来，他们刚才的对话全被人听到了，小薇也怪不好意思的。

夫妻间的关系，很容易在轻易的动怒或发火中毁掉。要想做到夫妻有怒不怒，有火不发，就必须学会锻炼自己的修养。要知道，对生活充满感激，而不是动辄就发怒，胜于勇夫。

有的夫妻，从他们邂逅相遇成为知己到白发苍苍相扶而行，一生过得很有诗意，恩爱有加，如情鸟相逐，相依相偎。即使是这样的夫妻，也难免不出现纠葛和矛盾。有位满头银发的老大妈告诉我，她与老伴这么多年牵手走来，也有过激烈的争吵。但是，每次遇到伴侣动怒的时候，她都躲到厨房去，开始摘菜和洗菜，为做饭而准备，而她的老伴看到这样就不忍再吵下去了。

发怒本身是暴露本性的一种形式。在一个人发怒时，你可以注意观察他，他的真正品行与性格会真正地暴露出来。发怒时会讲许多气话，而气话本身常常带有讽刺、浮夸的味道，容易伤害对方的心。

人如果能够做到不轻易发怒，就是道德完善的一个重要标志。不能控制自己的脾气，小则使人际关系紧张，大则导致事情的失败。

冲突有时不可避免，少一份怒气，就会多一份宁静和快乐。

我不小心打翻了超市的酸奶。那滚下来的酸奶不偏不斜正打在了一个女人的鞋上。白花花，黏糊糊的酸奶淋在她锃亮的皮鞋上，差一点点就流到她的丝袜里了。场面难堪。

“对不起，真是不好意思”，我连声道歉。女人好似还没从愤怒中回过神来，绷着脸，只是瞪着我不说话。

“实在不好意思，我给您找纸。”

在我慌忙掏包找纸的时候，女人的愤怒开始爆发了，冲我吼道：“找什么找，还不赶快把我的鞋给擦了。”这么一声吼，倒把我“吓”呆了。

纸抓在手里，有些愣：“真是抱歉，不好意思，纸，给您纸……”

“纸什么纸，瞎眼了你，快给我把鞋擦干净，快点呀。”女人说话的语气好似在训斥一个属于她的奴隶，听不进一句道歉的话，不给别人留丁点余地，我心里的歉意慢慢消失了。

“一定要我来帮你擦鞋吗?”

“没错，是你弄脏的，你不擦还要我自己擦呀？神经病，快点啦。”依旧是吼，仍旧是一脸的愤怒还多了些许跋扈，就像一个恶妇。一种莫名的厌恶在我心头滋生。

“这么凶，你待在这儿继续吼好了。”我把纸塞回包里，转身就走。

“喂，喂，喂，你把纸给我，把纸给我呀，哎呀，没教养，神经病。”她在我背后狠狠地嚷着，我不打算再理她。

当我走到收银台赔付酸奶钱的时候，看到女人还在嘀咕着，左一拐右一歪地四处乱跳。看着她狼狈的模样，我竟然有一种闹完恶作剧后的开心和得意。

客观地讲，这件事情是我的错。可这个女人跋扈而不给别人留有余地的粗俗嘴脸，令我恶心。其实，只要她换一种方式，结果会完全不一样。假若她不吼我，不用她叫，我都会蹲下来，带着一颗愧疚的心，帮她把鞋擦干净。

走出超市，我忽然想起曾读过的一则小故事。有一个失明的小男孩在街头乞讨，脚下放着一个空罐和一张告示："我看不见，请您伸出援手救济。"可连续好多天，他都只能在罐子里摸到一点点的施舍。有一天，一个男人告诉小男孩："我将你的告示改了，下午再来看你。"当男人下午再来的时候，男孩的乞讨罐里装满了捐款，于是问男人原因。男人告诉他，我把你的告示写成："这是个美丽的早晨，我却什么都看不见。"

在我们一去不复返的百态人生里，假若学会换一种方式来表达感情或待人处事，很多事情就会变得不一样了。

如果你很容易发怒的话，那么就说明你可能有一些还难以解决的问题压在心头。你需要找出这些问题，然后设法解决它们，以便继续前进。有人说，生气是拿别人的错误惩罚自己。真正聪明的人，懂得从他人的怒火中寻找温暖，而不是顺着自己的怨气燃烧自己。

我们要学会让自己保持一种恬淡的心态，去做自己应该做的事情。整日为一些闲言碎语、磕磕碰碰的事情郁闷、恼火、生气，总去找人诉说，与对方辩解，甚至总想变本加厉地去报复，这将会贻误自己的事业，失去更多美好的东西。

忍气是为了争气

在这个世界上，每个人都有自己的情绪，但每个人对待情绪的方法却不一样。善于控制自己情绪的人，可以将阻力化为助力，帮助他遇难呈祥。不善于控制自己情绪的人，却只会产生一些非理性的言行举止，轻则受挫误事，重则亡命丧身。

韩信是淮阴人，年轻时很贫困，表面看来，他一无所长，家乡的人都很瞧不起他。他既不能做小吏，又不愿种地，也不会经商。身强力壮的年轻人却靠乞食生活。

他曾长期在亭长家里寄食。亭长的妻子后来很反感，就设法赶他，于是每天全家提前吃饭，等韩信赶来时人家已吃完了。他碰了几次钉子，从此就不去了。后来去河边钓鱼，又不肯用心，还是不免饿肚子。有一位在同一条河里漂洗棉絮的老太太，看他可怜，就连续几十天将自己带的饭分给他吃。韩信很感激，在漂母做完工与自己分手时，韩信诚恳地对她说："我将来一定要百倍地报答您。"漂母觉得他很不争气，愤愤答道："你这样一个男子汉大丈夫，自己不去挣饭吃，我觉得你可怜，才给你饭吃，像你这样没出息的人，谁指望你报答，你还是自己快找谋生之道吧。"韩信心中痛苦极了。他知道好心的老太太不可能理解自己，没有解释，但在心中立誓。后来，他功成名就，果然以"千金"重酬了漂母。但当时谁知道他的志向和痛苦呢？

韩信身材高大，总是随身佩带刀剑，虽贫贱，但显得仪表不凡，威风凛凛。他好佩刀剑和出众的仪表与其志向、才能和气质有关，因内符外，他与众不同。这种社会地位和精神气质的反差最易引起小人的注意和嫉妒，小人们见不得这类现象，可以说是自然规律了。

有一天，一群无赖拦住韩信，其中一个说："如果你有胆量不怕死，你就把我杀了？如果你怕死，就从我裤裆下钻下去，否则绝不和你干休。"韩信狠狠盯着他，手不自觉地紧握着剑柄，过了许久，他松开手，趴在地下，居然从那人胯下爬了过去。为此，家乡的人更看不起他了，认为他不但无能，而且是个懦夫。

韩信并不是个懦夫。他忍受那样大的屈辱；是因为他的人生抱负太大了，没有必要小不忍而乱大谋。后来他逐鹿中原，风云际会，先后做过齐王和楚王。他与部下谈起这事时说："难道那时我没有胆量和力量杀他吗？只是杀了他，我的一生也就完了，因为那时能够忍耐，所以我才能得到今天的地位和成就。"

所谓的"宰相肚里能撑船"，所谓的"大将之风"，都是评论涵养的。有涵养的人都能控制自己的情绪，能忍受暂时的委屈，也就能成就事业。相反，那些遇事不能冷静，并且以极端手段处理的人，绝不是一个能成大事的人。

面对着暂时的委屈，忍耐，乃是一大智慧。这种忍，不是性格软弱，忍气吞声、含泪度日之举，而是高明人的一种谋略，是为人处世的上上之策。所谓忍之有道，是为图大业等待时机成熟的准备。这不是怯懦，更不是放弃，它是我们保全自身的手段；也是谋取更大成功的起点。那种为了一时之气而付出惨重代价的做人方式，必将血本无归。

忍得苦中苦，方为人上人

民间有句俗话："一瓶不满半瓶晃。"说的就是那些学识不足却又爱炫耀、爱自以为是的人。而真正有学识，有能力的人是不喜欢卖弄自己的，他们往往讨厌哗众取宠，能够耐住清贫、耐住寂寞，静静等待才华显露的那一天。

唐代大诗人白居易，自幼就在父亲白季庚的教导下读书识字，他心灵性慧，据说六七个月大的时候就能辨认"之"、"无"两个字，五六岁时已经谙熟声韵，到9岁时，写诗用韵便已信手拈来，文章宛若天成。

但白居易并没有因为自己天分高而骄傲自满，也没有因此而松懈下来，所以在他身上并没有出现"伤仲永"那样的悲剧。他一直学习刻苦，即便因为躲避战祸而贫病交加的时候，也仍然没有放松学习，"葛衣秋未换，书卷病仍看"，便是他的真实写照。

唐德宗贞元三年，16岁的白居易带着自己的诗集和满腔的希望只身来到帝都长安。这时的长安，经历了"安史之乱"的浩劫，已不见盛唐的繁华升平，但仍是人烟稠密、商业繁盛，非别处可比。

白居易的第一站就是去拜访大诗人顾况，顾况时任著作郎，在诗坛上很有名气，而且他为人惜才爱才。不过顾况有着诗人的禀性，就是十分讨厌沽名钓誉之辈，从来都不愿意违心地为别人捧场。因为他性格如此耿介，所以有的年轻人来"投卷"，往往会因作品的庸俗而碰一鼻子灰。

"投卷"是当时年轻考生中盛行的一种方式，因为唐代科举取士不仅要看考试成绩，还要看荐举人的名望与地位，因此年轻考生们纷纷奔走于名人、公卿门下，呈递自己的得意之作，以求获得赏识和推荐。一旦他们能够得到名人、公卿们的推举，知名度就会大增，取士的机会也会增加。

一般人是不敢上顾况这样严厉又耿介的人门上“投卷”的，但是白居易知道顾况对于真正有才华的考生，向来是爱惜其才华、热情推举奖掖的，所以他自信地找到了顾况。

顾况看到白居易呈上的诗集时，被他的名字逗笑了，调侃道：“近来长安物价暴涨，米价贵得很哩。‘白居’不‘易’啊。”

白居易胸有成竹，并没有因为顾况的轻视而紧张。

果然，当顾况翻开诗集，把诗一首首读下去的时候，他立刻为白居易诗中洋溢的灵气而倾倒，不住击案称叹。而那首五言律诗《赋得古原草送别》，更使得顾况连连叫绝，诗中写道：

离离原上草，一岁一枯荣。

野火烧不尽，春风吹又生。

远芳侵古道，晴翠接荒城。

又送王孙去，萋萋满别情。

诗篇把写景与送别融为一体，立意新奇，寓意深远，格调清新，韵味醇厚，充分表达了送别者缠绵眷恋而又健康明朗的情绪。

顾况被白居易的才华所折服了，他改口说道：“人才难得，真是人才难得！你有如此才华，如此佳句，长安米价再贵，‘居’财‘易’矣！”

此后顾况逢人便说白居易的才气，白居易很快就在长安城里出了名，后来他考取了进士，唐宪宗听说他的名气，马上提拔他做了翰林学士，后来又派他担任左拾遗。

忍耐住未成功之前的寂寞，尤其不能在自己学识不怎么样的时候就张狂炫耀，要知道人外有人，山外有山，比自己高明的大有人在。只有潜心修学的人，以谦虚的态度，才能得到人们的赞赏。

忍可以促使一个人的身心成熟，以便大展宏图。老子曰：“大直若屈，大巧若拙，大辩若讷。”因此身处逆境之时，应通晓时事，沉着待机，这才是智者的做法。“伏久者飞必高，开先者谢独早。”只有长久潜伏修智，才能成就大事，才能一鸣惊人。如果不能控制住自己情感的冲动而鲁莽行事，就可能会进一步陷入苦痛与困难中。懂得了这个道理，也就通晓了忍的功效。《说苑·丛谈篇》写道："能够忍耻的人安全，能够忍辱的人可以生存。"其实忍辱不仅能平安，而且能成就大业。

忍辱负重的故事不仅中国有之，国外亦不少见。

1076年，德意志神圣罗马帝国皇帝亨利与教皇格里高利争权夺利，斗争日益激烈，发展到了势不两立的地步。亨利想摆脱罗马教廷的控制，教皇则想把亨利所有的自主权都剥夺殆尽。

亨利首先发难，召集德国境内各教区的主教们开了一个宗教会议，宣布废除格里高利的教皇职位。格里高利针锋相对，在罗马拉特兰诺宫召开全基督教会的会议，宣布驱逐亨利出教。他不仅要德国人反对亨利，还在其他国家掀起了反亨利浪潮。一时间德国内外反亨利的力量声势震天，特别是德国境内大大小小的封建主都兴兵造反，向亨利的王位发起挑战。

亨利面对危局，被迫妥协。1077年1月，他身穿破衣，骑着毛驴，冒着严寒，翻山越岭，千里迢迢前往罗马，向教皇忏悔请罪。

格里高利故意不予理睬，在亨利到达之前躲到了远离罗马的卡诺莎行宫。亨利没有办法，只好又前往卡诺莎拜见教皇。

教皇紧闭城堡大门，不让亨利进来。为了保住皇帝宝座，亨利忍辱跪在城堡门前求饶。当时大雪纷飞，天寒地冻，身为帝王之尊的亨利屈膝脱帽，一直在雪地上跪了三天三夜，教皇才开门相迎，饶恕了他。

亨利恢复教籍保住帝位返回德国后，集中精力整治内部，把曾一度危及他王位的内部反抗势力逐一消灭。在阵脚稳固之后，他立即发兵进攻罗马，以报跪求之辱。在亨利的强兵面前，格里高利弃城逃跑，客死他乡。

中国有句俗语"大丈夫能屈能伸"，说的便是忍辱负重。试想，假如亨利放弃信念"破罐子破摔"，哪还有日后的至尊荣耀呢？

别拿别人的错误惩罚自己

气大伤身的道理可能很多人都懂得，但总是有一些人为一些小事不能自解。真是别人生气我也气，气出病来无人替。

王大妈早年丧夫，生活的艰辛造就了她极坏的性格和脾气。老田和老吴是王大妈的邻居。因为王大妈的极坏禀性，她和老田、老吴的关系处得很别扭。老田和老吴也因为有王大妈这样的邻居而沮丧不已。

但老吴和老田的性格截然不同，老吴性格开朗，凡事想得开；而老田则有点心胸狭窄，爱走极端。因此两人虽生活在同一个环境中，表现却大不一样；老吴整天乐呵呵的，老田却一天到晚苦着脸，一副不乐的样子，好像谁借了他二斗大麦还了他二斗老鼠屎似的。

一天，王大妈的一只黄母鸡不见了，她便在自家院里跳着骂："哪个老不死的，偷了我的黄母鸡？谁偷了我的黄母鸡断子绝孙，死时闭不上眼睛！"

骂声很大，邻居老吴和老田都听见了。

老吴想："她没有点名骂谁，咱也没干那亏心事。不做亏心事，睡觉不关门，她爱骂骂去，与咱毫不相干。"仿佛没听见骂声似的。

而老田则不一样。他想："这怕是冲我来的，这婆娘真没口德，开口闭口老不死的。真是气死我了！"老田气得吃不下饭，睡不着觉，不几天便病倒了。

几天以后，王大妈在她家的柴禾堆中发现了死母鸡。原来黄母鸡嚼食钻到了柴禾堆下面，它还没出来，王大妈的小儿子便在外面放了一担柴禾，把那个出孔堵住了，使它饿死在里面。

王大妈有些内疚，便找老吴和老田道歉。

老吴听后说：“我没什么，一点都没生气，你找老田道歉去吧!”

王大妈极诚恳地向老田做了解释和道歉。老田听说后，心中的怨气慢慢地消了，过了几天，就能起来行走，身体慢慢的恢复了。

“哎，都是自己小心眼造成的，咱要像人家老吴，还生哪门子气呢?”老田这时才明白。

当一个人情绪激动时，整个交感神经系统都运作了，造成瞳孔扩张，心跳加快，呼吸急促，动脉收缩，肾上腺分泌等等，甚至有人气得咬牙切齿，全身发抖……在这种情况下，很容易意气用事，结果害人害己，造成无法弥补的损失。

生气是拿别人的错误惩罚自己，伤害的更是自己。

有一位企业家，素以行事稳健著称，即便每天身处在瞬息万变的商场之中，他也几乎没有犯下过什么致命性的大错，所以，他所经营的公司也就日渐成长。几年后，他要退休了。在荣退茶话会上，记者们问他这几十年来的成功秘诀，他只笑笑的说：“其实我没什么特别秘诀，我之所以能顺利，是因为我懂得在愤怒的时候少说话、少做决定，所以我不容易坏了大事。”

短短的一句话，却让当天在场的人上了重要的一课。

观察一些在盛怒中的人们，我们可以发现一个共同点：生气时，智商只有五岁。无论一个人现年几岁，当他(她)在气急之时，其思虑之不成熟，情绪之一发不可收拾，言语之不知节制，表现之失态等等，仿佛就像一个五岁的孩子一样地不成熟。

“人有见识就不轻易发怒。”可不是吗？当一个人在生气时，他(她)的智慧、EQ、仪态都会大大的“退化”，乃至所讲出的话，所做出的决定，往往都会坏事。诚如那位退休的企业家，他之所以能够一路平稳、顺利，不在于他有什么样的特殊手腕，乃是他懂得在愤怒时少说话、少做决定，所以他不容易出错。

做人应尽量使自己少发怒，尽可能不发怒。就是到了情绪忍无可忍的时候，也要合理地宣泄怒气。

有位商人对自己发泄怒气的方法说得非常有趣，他说："当我自知怒气快来时，连忙不动声色地设法离开，跑到健身房，或和拳师对打，或猛力捶击皮囊，直到发泄完我的满腔怒火为止。"

当你遭受不公正待遇时，大有心中怒气冲决之势，不妨确立一个"假想敌"，把无限不平之气都发泄在它的身上。

张先生性情十分急躁，一次受到过火的批评，他满肚子怨气，欲以拳脚功夫施以报复。张先生一位年老的朋友见状，忙把他拉到菜地，命其挖土。他下意识地刨个大坑，尔后填上，再刨、再填，如此反复，终于雨过天晴。

以笔作武器，将心中的话儿倾注在纸上，也是一种很好的自我宣泄方法。通过写诗、记日记，可以有效地宣泄郁积在心头的不平之气，使情绪恢复平静。同时，对创作者尤其宝贵，它可体验人们在情绪失衡状态下的感受。不然，作家就难免"扯谎"、"诽谤"和"诬蔑"，或者"乘机发表浅薄而苍白的思想倾向。"

有些烦恼未必要依靠外物来宣泄，心胸放开阔一点，也可以自我宣泄。一来可以减少不必要的烦恼，二来不会把烦恼转嫁于他人，这样你就能赢得更多的朋友，因为人们总是乐于和开朗的人打交道。

要使自己的人生能更平顺，更少出错，就需要时刻提醒自己：人在生气时，智商只有五岁！学习在盛怒之时少说话，少做决定，以免坏了全局而后悔莫及。

受辱有时也是一种受益

人生之所以烦恼多多，皆因遇事看不开，抱着“人争一口气，佛争一炷香”的观点，遇事就不让。其实，这是愚蠢的做法。

有时，要适时地忍下一口气；有时，受辱也是一种收获。

适时地忍下一口气是一种境界，是历尽跌宕起伏之后对世俗的一种轻视，是饱经人间沧桑之后对世事的一种感悟，是运筹帷幄，成竹在胸，充满自信的一种流露。

生活于凡尘俗世，难免与人磕磕碰碰，甚至与人结怨。如果，非得以牙还牙、拼个你死我活，为自己辩驳、澄清，必然导致两败俱伤。因为你的一念之差、你一时的气愤之言，也许会被别人加以放大和责难，你的认真、你的真诚，也许会被别人误解和中伤。

这时，需要你适时地忍下一口气，悠然地轻视一笑，一切都会变得云淡风轻。

日本东京有一个武功高强的武士，精通禅道，尽管他年纪很大了，但在与人交手的时候，仍然次次获胜。

一天晚上，一个年轻力壮的武士前来拜访。这个武士不但武功高强，而且胆大妄为，横行乡里。他和人比赛的时候，经常先用各种方式将对方激怒，逼得对方在忍无可忍的情况下先出手，然后，自己抓住这个时机，平静而仔细地观察对方的漏洞，一旦抓住对方的弱点，就以迅雷不及掩耳的速度进行反击。使用这种招数，再加上自己的超常武功，年轻武士在和别人交手时，也从未失败过。

年轻武士久仰老武士的声名，但因为年轻气盛，不把老武士放在眼里。他这天前来拜访的目的就是踢馆，想以此来提高自己的名望。

弟子们担心老武士年龄太大，不是年轻武士的对手，都纷纷劝他不要接受挑战，或者挑选自己年轻的弟子迎战。可是，老武士接下了对方的战帖，并决定自己亲自出战。

两大高手比赛的消息不胫而走，人们纷纷来到市区的大广场前，观看这场不同寻常的比赛。

比赛开始了，年轻武士像往常那样，开始侮辱老武士，对他扔石头、香蕉皮，还往他脸上吐口水，用脏话侮辱他，想以此激怒他，但老武士不为所动。

这样折腾了好几个小时，老武士始终一动不动，既不生气，也不抢先出手。这是年轻武士从来没有遇到过的情况，他骂得嗓子都哑了，并且精疲力竭，已经没有力气和勇气向老武士进攻了。最后，血气方刚的武士不战而退，灰溜溜地逃跑了。

回来后，老武士的弟子们都气不过，纷纷质问道："师傅，您为什么不好好教训一下那个狂妄自大的家伙呢？""就是！那小子太过分，师傅您怎么能忍受？再说，这样也有损师傅您的声名。"

面对弟子们的质问，老武士没有辩解，反而问道："如果有人带着礼物来看你，你不接下礼物的话，礼物归谁？"

弟子齐声回答道："当然是归送礼的人。"

老武士微微一笑，说道："妒忌、愤怒和侮辱难道不是同样的道理吗？如果这些东西你都拒收，它们还是归对方所有。"

老武士最后说："从对招的角度来说，他是有，我是无，无招胜有招。"

弟子们听了这番话，才明白了师傅的用意，也从中领悟到许多的道理。

"聒噪不如沉默，息谤得于无言。"对方不怀好意的挑衅和侮辱，目的就在于将我们激怒，从而失去理智，这样对方就可以抓住我们的弱点，将我们击倒。在这种情况下，我们一定要沉得住气，以无招对有招。要知道，对方所有邪恶的语言或举动，如果我们不接受，对方就只能把它收回。

圣者无名，大者无形。柔韧处世是一种大家风范，有时却是获胜的唯一战术。谙通此哲学的人方为大智之人，方成大价之身。有时候忍辱是人生道路上一种伟大的力量，它不但能击溃弱者，更能成就强者。

有一个黑人小男孩，出身于一个贫寒的黑人单亲家庭，在他7岁时，他遭受到了一次极大的羞辱。

有一次老师让同学们为“社区基金”捐钱。几天后，小男孩手里攥着自己拣垃圾挣的3美元，激动地等待着老师叫他的名字，然后他便可以自豪地走上讲台捐出自己挣的血汗钱。但老师没念他的名字，他感到很奇怪，于是问老师为什么不叫他的名字。

老师厉声说：“我们这次募捐正是为了帮助你和像你这样的穷人，这位同学，如果你爸爸出得起你5美元的课外活动费，你们就不用领救济了。何况，你没有爸爸……”

小男孩眼含泪水冲出了学校。羞辱让他变得坚强，从此，他拼命学习和做工。这个黑人小男孩就是当今美国著名的黑人电台节目主持人狄克·格里戈。可见，贫穷和羞辱可以摧毁人的自信，但也可以催促人奋进，就看你选择向下还是向上了。

我们应该钦佩那些勇敢者，当他们面对羞辱时，当他们用人性的执著与追求超越过那些仅停留于羞辱表面的伤害与脆弱时，我们会看到他们正向另一种能够打动人心的高贵和境界进发。

生活永远在源源不断地制造着羞辱，这是永恒的命题，没有人能一生不遭遇到羞辱，但是比这更重要的是你的态度。有些人一辈子被羞辱淹没，自暴自弃；而有些人则因羞辱而奋发，成就一番功名，这才是人生的强者。

心胸狭窄者把羞辱变成心理包袱，而豁达乐观者则会把它看做是“激励”的别名。所以，你应该感谢人生道路上的羞辱，是它刺激你用执著战胜了自己内心深处的失败感。感谢羞辱，你的斗志和毅力才能得以升华；感谢羞辱，你才能从羞辱中提炼出自身的短处与缺陷，感谢羞辱，你才能用羞辱激励完善自我……